L'OUTILLAGE AGRICOLE

L'OUTILLAGE

AGRICOLE

Par H. DE GRAFFIGNY

JE SÈME A TOUT VENT

PARIS. — LIBRAIRIE LAROUSSE

Rue Montparnasse, 17. — Succursale : rue des Écoles, 58.

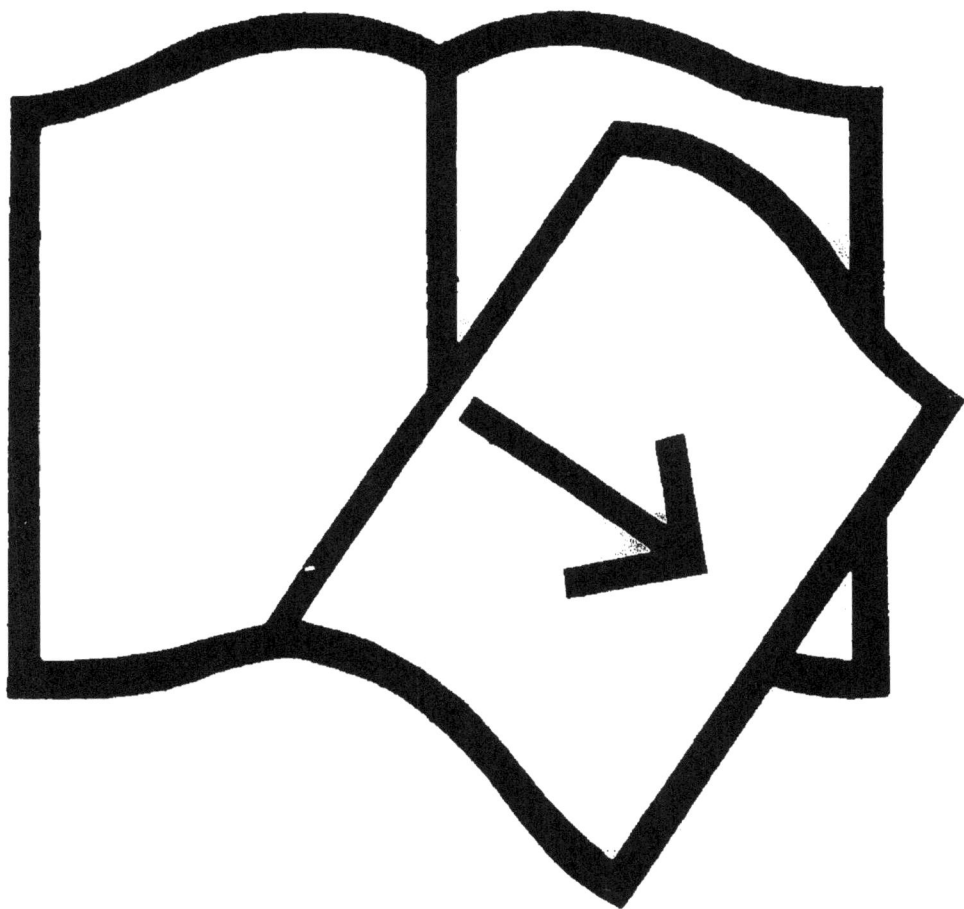

Documents manquants (pages, cahiers...)

NF Z 43-120-13

houe sert à faire des labours à bras, à biner, à sarcler et à planter. Son fer est de forme carrée, trapézoïde (*fig.* 4), triangulaire ou fourchue, ou formé de deux longues dents plates, comme dans le *béchard* employé dans le midi de la France pour façonner les vignes. La houe à lame plate (*fig.* 5) est utile spécialement

Fig. 3. — Houe.

Fig. 4.
Fer de houe.

Fig. 5.
Fer de houe
à lame plate.

pour labourer à bras les terrains durs et pierreux où le fer de la bêche pénétrerait difficilement et risquerait de s'émousser.

On désigne sous le nom de *houe à cheval* un autre instrument aratoire, que nous décrirons dans le chapitre suivant, et qui est propre au binage des terres ensemencées en lignes au moyen du semoir mécanique.

Pioche. — La pioche est un instrument indispensable pour les défoncements, particulièrement dans les sols durs et pierreux. Son fer (*fig.* 6) est droit, plat ou de section carrée; une de ses extrémités se termine par une pyramide quadrangulaire aiguë, l'autre est aplatie et forme un biseau tranchant.

Fig. 6. — Pioche.

Hoyau. Pic. — Le hoyau diffère essentiellement de la houe, avec lequel il ne doit pas être confondu. C'est une variété non de la bêche comme la houe, mais de la pioche. Il se compose ordinairement de deux parties distinctes bien que forgées d'une seule pièce (*fig*. 7, 8) : l'une est tranchante, tandis que l'autre est terminée en pointe. Le plus grand modèle de hoyau, propre aux défoncements des terrains pierreux, porte le nom de *pic*. Les deux parties du pic ou du hoyau sont séparées l'une de l'autre par une *douille* dans laquelle est fixé un manche recourbé et de peu de longueur.

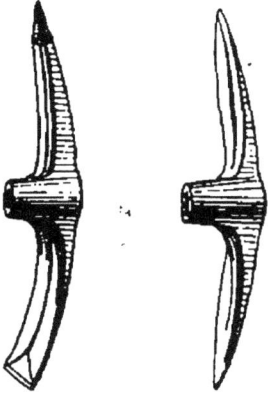

Croc. — Il existe de nombreuses formes de crocs, variant avec la nature du sol à travailler. Citons notamment : le *croc à pommes de terre*, à deux dents plates (*fig*. 9); les *crocs plats*, en usage dans la Brie (*fig*. 10, 11), et le *croc à dents de fourche* (*fig*. 12), à l'aide duquel on retourne la terre à la façon d'un râteau ou d'une petite herse.

Fig. 7, 8. — Fers de hoyau.

Sarcloir. Binette. — Le sarclage consiste à arracher, à la main ou au moyen d'un *sarcloir* (*fig*. 13), sorte de cuiller tranchante

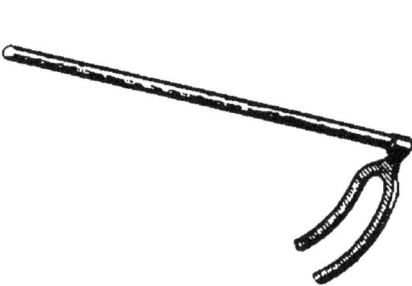

Fig. 9.
Croc à deux dents plates.

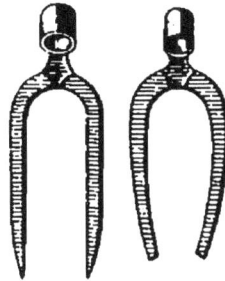

Fig. 10, 11.
Crocs plats.

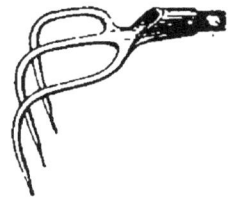

Fig. 12.
Croc à dents de fourche.

de 5 centimètres de long, les herbes adventices qui commencent à sortir de terre et menacent d'étouffer les plantes que l'on cultive. Le sarclage appartient plus particulièrement à la Belgique, à la Flandre et à l'Alsace, dont les cultivateurs appliquent cette méthode même à leurs blés et autres céréales; ce qu'on désigne en France sous le nom de *cultures sarclées*, ce ne sont, le plus ordinairement, que des *cultures binées*, et l'arrachage des mauvaises herbes s'exécute au moyen de l'outil à main appelé *binette*, ou des diverses variétés de houes à cheval.

L'*échardonnoir* (*fig.* 14), comme l'indique son nom, sert à couper et à enlever la racine des chardons qui ont crû au milieu des cultures sarclées. Le fer affecte la forme d'une petite houlette, avec une douille conique recevant l'extrémité du manche, long de 80 centimètres environ. Son côté est tranchant, sa partie supérieure est contournée en crochet affilé pour couper les tiges de chardons.

Dans le jardinage et l'horticulture, le sarclage a pour effet de nettoyer les semis des herbes étrangères qui peuvent s'y être introduites : partout ailleurs, la mauvaise herbe ne doit pas se montrer, et il n'y a pas lieu de la détruire par le sarclage. Le travail s'effectue ordinairement à l'aide de l'instrument appelé *serfouette* (*fig.* 15), qui permet de biner autour des plantes trop rapprochées pour laisser passer la binette ordinaire ; c'est une espèce de pioche, composée de deux parties, séparées par la douille où se fixe le manche, mais cependant d'un

Fig. 13.
Sarcloir.

Fig. 14
Échardonnoir

Fig. 15. — Serfouette.

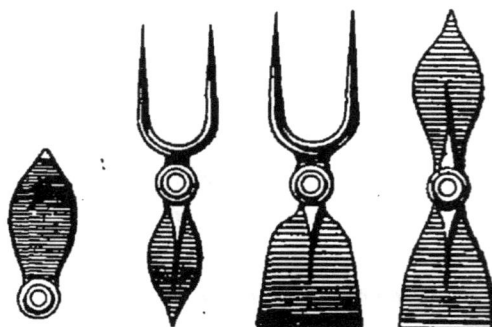

Fig. 16, 17, 18, 19. — Fers de serfouettes.

seul morceau (*fig.* 16, 17, 18, 19). Une partie est tranchante; l'autre possède deux dents aussi longues que la lame. Dans le modèle connu sous le nom de *trace-sillon*, la lame opposée aux dents est disposée de façon à pouvoir tracer de légers sillons pour planter les oignons à fleurs et faire certains semis en rayon.

Le *binage*, improprement appelé *sarclage*, bien que son but soit le même, ne s'applique qu'à la moyenne et à la grande culture des plantes telles que les betteraves, l'œillette, les féverolles, le colza, enfin à toutes les cultures en lignes, espacées de telle façon qu'on peut en opérer le nettoyage soit à l'aide de la *binette* (*fig*. 20), soit avec la houe à cheval dont le travail est plus rapide. Toutes les racines exigent deux et même trois *binages*, et on donne aux dernières le nom de *buttages* pour certaines cultures. Ainsi les pommes de terre reçoivent un binage et deux buttages, tandis que les betteraves, l'œillette, etc., reçoivent trois binages et ne se buttent pas.

Fig. 20. — Binette.

Plantoir. — Cet instrument (*fig*. 21) est employé par les jardiniers pour les graines à fleurs ou potagères, mais il est utilisé aussi dans la grande culture pour la plantation des betteraves et du colza. Souvent, au lieu d'être simple, il est double, formé de deux pointes réunies par une traverse, ce qui permet à l'ouvrier de faire d'un seul coup deux trous dans chacun desquels un plant est placé par la femme qui accompagne le planteur. Mais l'usage de cet outil est très fatigant, son peu de longueur obligeant l'ouvrier à se tenir constamment courbé tout près de terre, et on en a imaginé de plus longs et d'usage plus commode.

Fig. 21. Plantoir.

Le plantoir ordinaire, quoique d'un usage avantageux, présente l'inconvénient de tasser et serrer la terre autour du trou qu'il fait. Aussi toutes les fois que l'on met en terre des plantes à racines faibles et délicates qui ne sauraient s'introduire à travers un sol dur et serré il est préférable de pratiquer une ouverture avec la bêche ou la houe, et planter ainsi dans une terre fraîchement remuée et bien perméable aux racines et à l'humidité.

Il existe des plantoirs dont la forme générale est celle d'un râteau, et qui permettent de planter en ligne les haricots, les fèves et autres grains analogues. Au lieu de dents, ces plantoirs, munis d'un long manche, portent de grosses chevilles courtes, espacées entre elles comme doivent l'être les trous où la graine sera déposée; le même instrument peut être utilisé pour repiquer du plant de céréales dans les places où elles peuvent avoir été détruites par la gelée ou les inondations. On donne, en Angleterre, le nom de *dibbles* à ces outils à main qui, perfectionnés, sont devenus les semoirs mécaniques.

Outils tranchants. — Parmi les outils coupants ou tranchants nécessaires au jardinier et au cultivateur (*fig.* 22 à 35), il faut citer : la *cognée*, sorte de hache à manche assez court, la *serpe*, la *serpette*, les *cisailles* à tondre les haies, le *sécateur*, le *greffoir*, la *scie* et l'*émondoir*.

La *serpe*, dont la lame, en fer aciéré, mesure de 30 à 35 centimètres de longueur sur 8 centimètres de largeur, est indispensable dans toutes les exploitations rurales, pour couper les grosses branches des arbres abattus avec la cognée et à *chapuiser* le bois vert. La *serpe d'élagueur* diffère du modèle ordinaire en ce qu'elle présente sur le dos un petit taillant qui peut remplacer le taillant ordinaire lorsqu'un obstacle quelconque empêche l'ouvrier de se servir de ce dernier. La *serpe béarnaise*, pourvue d'une petite hachette, est excellente pour la coupe du gros bois et du bois sec; elle réunit les avantages de la scie à main et de la serpette ordinaire. Enfin, la *serpe à tonture* est particulièrement en usage chez les jardiniers pour tondre les côtés des petites bordures.

Le recepage s'exécute à l'aide de l'*égohine* ou scie à main; mais, les dents de cet instrument causant des arrachements ligneux qu'il importe de faire disparaître, on rend les surfaces nettes avec la serpette, à lame recourbée et bien affilée.

Avant l'invention du sécateur, la taille des arbres était constamment opérée au moyen de la *serpette;* mais on ne se sert plus de cet instrument que pour tailler la vigne ou *parer* les grosses branches retranchées au printemps. Une bonne serpette doit être en acier bien trempé; la ligne tranchante ne doit avoir ni trop ni trop peu de courbure : une lame, trop courbée faisant souvent casser la pointe et une lame trop droite manquant de force. Le manche doit être formé d'une matière ne glissant pas dans la main, de la corne de cerf, par exemple, et terminé au bas par un point d'arrêt qui le maintient et l'empêche de glisser quand on fait un effort.

Le *sécateur*, dont l'usage est universel, exige cependant une

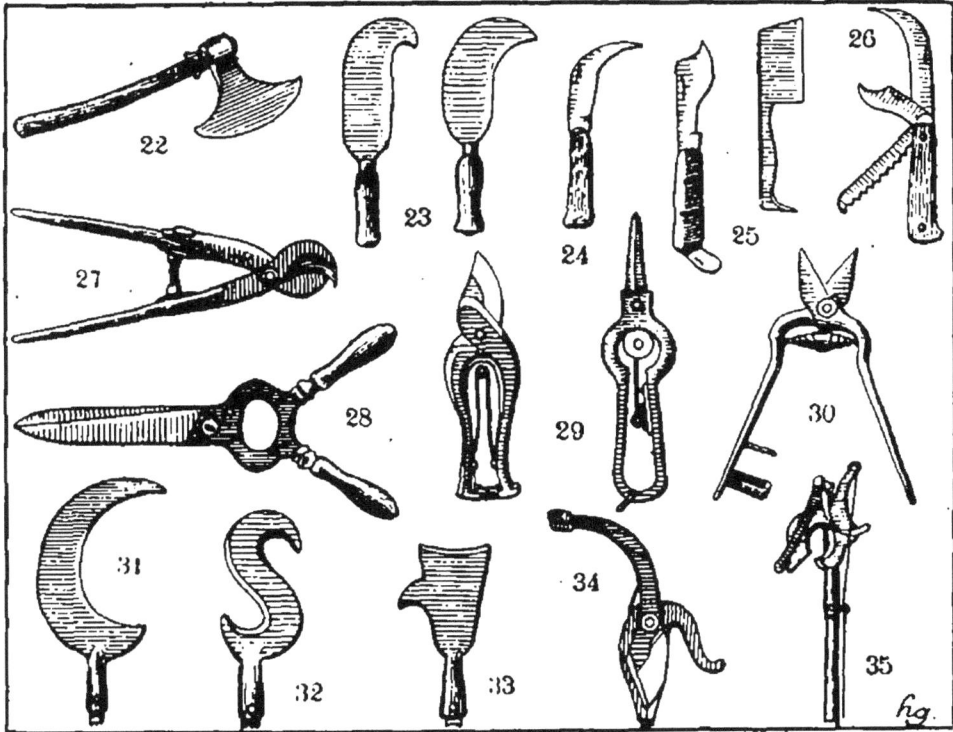

Fig. 22 à 35. — OUTILS TRANCHANTS.

22, Cognée. — 23, Serpes. — 24, Serpette. — 25, Greffoirs. — 26, Couteau d'arboriculteur. 27, Cisailles d'élagueur. — 28, Ciseaux à tondre les haies. — 29, Sécateurs à ressort. 30, Sécateur comtois. — 31, 32, 33, Émondoirs. — 34, 35, Échenilloirs.

certaine habitude pour son maniement, bien qu'il soit infiniment plus commode que la serpette, qui demeure réservée au retranchement des branches tout à fait ligneuses et de grande résistance. Le jardinier chargé de gouverner un assez grand nombre d'arbres fruitiers doit avoir un assortiment de sécateurs de divers modèles, proportionnés aux dimensions des branches à couper. La lame de ces sécateurs doit être d'excellente trempe et souvent émoulue, car lorsqu'elle n'est pas bien tranchante la coupure ressemble à une déchirure, le bois est écrasé, déchiqueté et les branches souffrent de ce mauvais fonctionnement. Les sécateurs qu'une charnière maintient fermés sont préférables à ceux qui sont retenus par une simple courroie de cuir, sujette à se détacher. En effet, l'ouverture subite des branches du sécateur peut donner lieu à des accidents contre lesquels on ne saurait trop se précautionner.

La tonte des haies et des arbustes auxquels on veut donner une forme déterminée s'exécute au moyen de grands ciseaux ou *cisailles* dont les branches mesurent 40 centimètres de longueur. Les branches situées très haut au-dessus du sol sont écimées à l'aide d'une sorte de faucille ou de croissant dont la partie concave est tranchante. Parmi les divers outils de cette nature, connus sous le nom générique d'*émondoirs*, les plus usités sont le *croissant à talon*, qui peut couper les branches de bas en haut aussi bien que de haut en bas; le *croissant à crochet*, armé d'un petit crochet servant à soulever et à faire tomber les branches coupées engagées dans le feuillage; les *ciseaux*, dont la branche mobile est commandée par une ficelle ou un fil de fer, et l'émondoir *plat*, formé d'une lame dentelée comme une hallebarde, et tranchant sur tout son pourtour. Tous ces outils sont ordinairement fixés à l'extrémité d'un très long manche en bois leur permettant d'agir sur les branches les plus élevées des arbres.

Fourches. — Au nombre des instruments aratoires indispensables dans toutes les fermes, il faut mettre les fourches, dont la forme varie suivant le genre de services qu'on en attend. Les fourches de bois à deux dents (*fig.* 36) servent pour faire la fenaison, secouer la paille battue en grange, faire la litière des animaux, secouer les fourrages poudreux, etc. Les meilleures sont d'une seule pièce; on choisit pour les fabriquer des branches fourchues que l'on taille et laisse séjourner quelque temps dans le

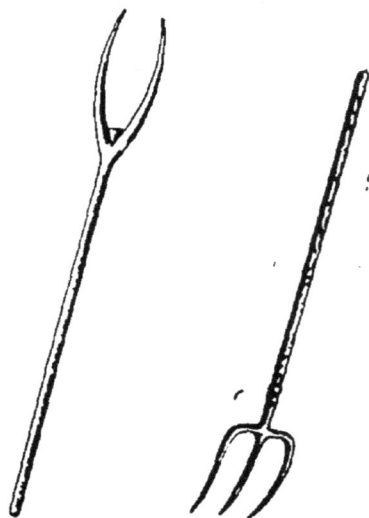

Fig. 36.
Fourche à foin.

Fig. 37.
Fourche ordinaire

four après qu'on vient de retirer le pain; l'écorçage est ainsi facilité. On donne à ces fourches la courbure voulue en les chargeant, encore chaudes, de pierres lourdes. Leur prix est très modéré.

Les fourches en fer à deux dents ou *fourfières* sont également très employées pour charger et décharger les gerbes et les foins pendant la moisson et la fenaison. Un fermier doit en posséder un certain nombre au moment de la moisson, afin que les ouvriers qui serrent les gerbes ne soient pas réduits à prendre celles-ci par les liens, qui se rompent souvent. Le tasseur est le seul ouvrier qui soit dispensé de l'usage de la fourche.

Il faut éviter de retourner la litière avec des fourches de fer à deux ou trois dents lorsque les animaux sont à l'écurie; on veillera donc à ce que les domestiques chargés de ce travail ne prennent que des fourches de bois, et non la première fourche de fer qui leur tombe sous la main, car ils risqueraient de piquer les bestiaux, ce qui peut déterminer des accidents très graves.

Les fourches en fer à trois et quatre dents, dites *américaines* (*fig.* 39), servent surtout à manipuler les fumiers, les charger et les étendre. Les fourches à trois larges dents plates sont appliquées au labourage de la vigne et les pieds des arbres. Enfin, il n'est pas de cas dans la vie rurale où les fourches de toutes formes ne soient non seulement utiles, mais indispensables.

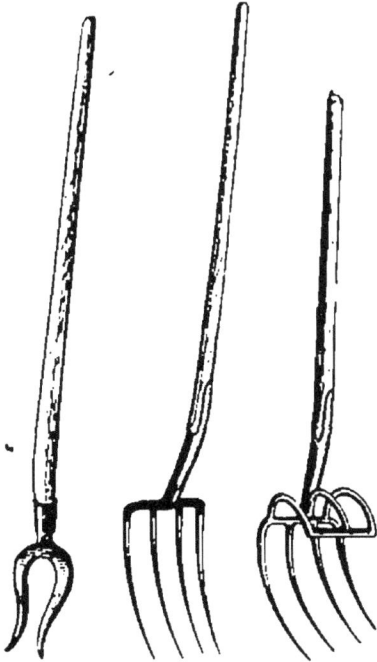

Fig. 38.
Fourche
à betteraves.

Fig. 39.
Fourche
américaine.

Fig. 40.
Fourche
vosgienne.

Râteaux. — Les râteaux sont utilisés particulièrement pour le jardinage et l'horticulture, et les principales formes qui aient été données à ces instruments sont les suivantes : le *grand râteau* (*fig.* 42), en bois avec dents de fer, remplissant des fonctions analogues à celles de la herse dans la grande culture : les **dents**

de ce râteau doivent avoir la forme de clous longs et forts, un peu courbés en dedans vers le milieu de leur longueur; le *râteau moyen*, pour le ratissage des allées sablées, à dents longues et espacées, en fil de fer assez fort et dont les extrémités sont arrondies; le *petit râteau* (*fig.* 43), ordinairement tout en fer, à manche de bois comme les précédents, ayant pour but de recouvrir les semis de graines qui doivent être peu enterrées, à ratisser les plates-bandes du parterre dans les intervalles des touffes des plantes d'ornement, ou enfin, enlever les feuilles tombées sur les pelouses de gazon.

Le râteau des faneuses (*fig.* 41), pour retourner et éparpiller le foin sur le pré, est tout en bois et garni de chaque côté d'une rangée de dents arrondies et assez rapprochées. On lui substitue, dans les grandes exploitations rurales, des râteaux de 1^m.50 à 2 mètres de large, armés de très longues dents de fer recourbées, montés sur un train de roue et traînés par un cheval. Cet instrument ramasse exactement tout le foin fané avec une très sérieuse économie de temps et de main-d'œuvre.

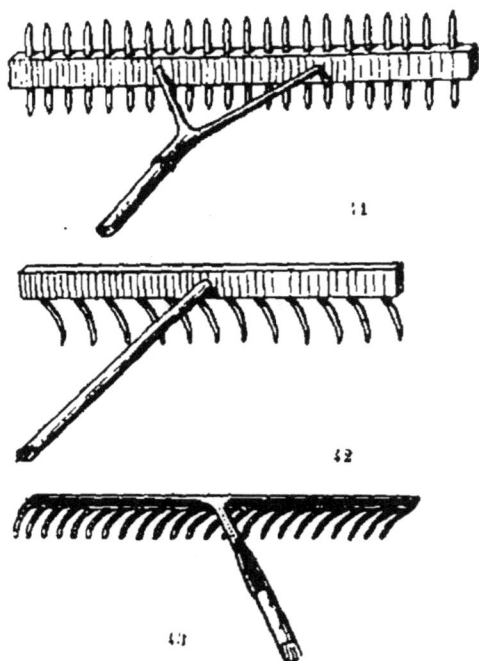

Fig. 41. — Râteau en bois.
Fig. 42. — Râteau à dents de fer.
Fig. 43. — Râteau en fer

Instruments de récolte. — Les outils à main servant à opérer la moisson et à nettoyer les céréales sont : la *faucille*, la *faux* et la *sape* ou *pic*, pour couper le blé; le *fléau*, pour détacher le grain de son enveloppe; le *van* et le *crible* pour le débarrasser des balles et de la poussière.

La *faucille* (*fig.* 44, 45) est bien le plus antique et aussi le plus imparfait des instruments usités pour moissonner les céréales. La lame, étroite et recourbée en croissant, est finement dentée, d'où

l'expression *scier le blé* employée pour parler de la moisson faite
avec cet outil. Suivant la grosseur du blé, les dimensions de la
faucille varient; son ouverture n'est que de 30 centimètres quand
la paille est forte et dure, et elle peut atteindre 40 centimètres
dans les pays où on ne récolte que du seigle ou du froment à
chaume faible. Le travail à la faucille
permet de ne perdre presque aucun épi,
les épis ne s'égrènent pas, enfin la perte
de grain, qui peut atteindre jusqu'au
vingt-cinquième de la récolte avec la
faux ou la sape, est réduite à son minimum. Mais, en revanche, l'opération est
excessivement lente, et elle fatigue considérablement le moissonneur, bien que
le chaume ne soit coupé qu'à 20 centimètres du sol pour le moins,
autre grave inconvénient. La faucille ne convient donc que pour
les régions où la main-d'œuvre est très bon marché et dans des
cas spéciaux, quand le sol est accidenté, lorsque le blé a été versé
ou qu'on l'a trop laissé mûrir. Son usage disparaît d'ailleurs de
plus en plus, et doit même être banni de toute exploitation dirigée
selon les principes d'une agriculture rationnelle et progressive.

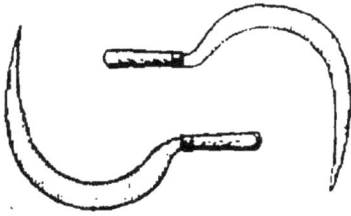

Fig. 44. — Faucille.
Fig. 45. — Faucille à dents.

La faux (*fig.* 46) est d'un usage plus expéditif et n'a d'inconvénient que dans le cas où les céréales sont abattues dans un état
de maturité trop avancée. Elle fatigue également le travailleur et
demeure encore inférieure à la *sape* du piqueteur flamand, qui est
destinée à prévaloir dans tous les pays de grande culture. Nous
n'avons pas à décrire la faux, que tout le monde connaît : on sait
qu'elle se compose d'une grande lame en acier ou en fer aciéré,
fixée à 90° à l'extrémité d'un manche en bois pourvu d'une poignée intermédiaire; elle est souvent complétée par une claie
légère, de forme particulière, destinée à soutenir le chaume ou le
fourrage fauché. Les meilleures faux viennent de Styrie (Autriche)
et sont reconnaissables à ce qu'elles portent une contreverge que
les contrefacteurs n'ont pu imiter; mais certaines usines fran-
çaises, telles que celles de Pont-de-Roide (Doubs) et du Rabot
(Ariège) en forgent également d'excellentes. Une bonne faux doit
unir à une grande légèreté (de 500 à 750 grammes) une courbure
et une cambrure s'adaptant parfaitement à la taille de l'ouvrier,

une bonne trempe, une arête résistante et élastique. Il faut que, dans la rapidité de la fauchaison, elle ne ploie ni ne casse, et qu'elle s'ébrèche rarement. On affûte une faux en battant son tranchant sur une enclumette avec un marteau d'acier, puis en passant sur toute sa longueur une palette de bois ou *rifle* chargée de grès mouillé, et enfin en donnant un coup de pierre dure.

La *sape* ou *fauchon* (*fig.* 47), employée par les ouvriers belges

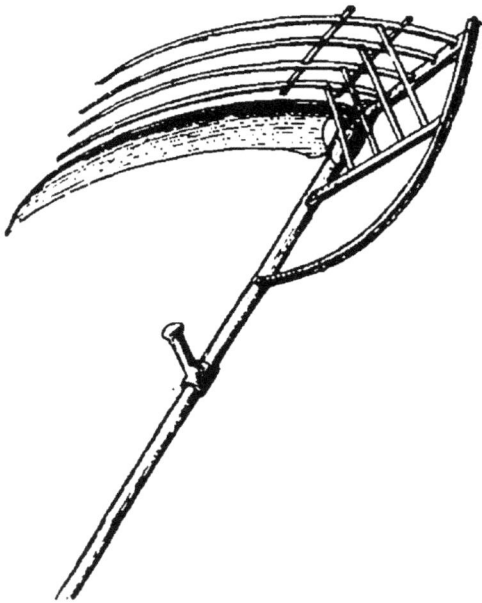

Fig. 46. — Faux (avec râteau pour les céréales).   Fig. 47. — Sape et son crochet.

qui se répandent en France pour faire les moissons, est une petite faux se manœuvrant d'une seule main et dont le travail est très rapide. La sape coupe le blé plus près de terre que la faucille et les glaneuses n'ont rien à ramasser derrière le piqueur. La manœuvre de cet outil exige l'emploi simultané d'un crochet que le moissonneur tient de la main gauche pour rassembler les épis qu'il coupe de la main droite; ce crochet, long de 25 à 30 centimètres, emmanché au bout d'une tige de bois de 1^m,10 de longueur permet à l'ouvrier de ramasser les céréales sans se baisser. Le seul inconvénient de l'emploi de la sape réside dans le fait que les javelles faites par le piqueur sont plus étroites, plus mêlées et plus serrées que dans la fauchaison ordinaire; elles sèchent donc très difficilement quand elles ont été mouillées par des averses, et ce retard peut être préjudiciable à la conservation du grain pendant les années pluvieuses.

Appropriation des récoltes. — Lorsque le blé récolté est rentré, le long des journées d'hiver où la terre n'exige aucun travail, dans un grand nombre d'exploitations rurales on occupe les ouvriers, qui sans cela demeureraient sans grand ouvrage, à battre en grange, pour avoir du grain et de la paille au fur et à mesure des besoins de la ferme.

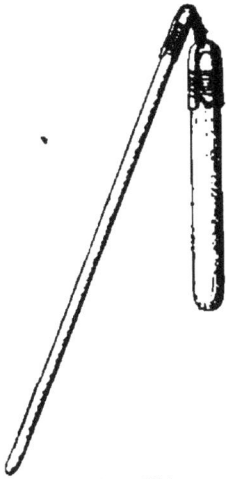

Le battage à bras s'exécute avec le *fléau* (*fig.* 48), instrument composé de deux pièces, la *verge* ou manche et la *batte*, attachées l'une à l'autre au moyen de deux courroies en cuir. La longueur du manche est de 1ᵐ,30 à 1ᵐ,50, et l'on choisit pour cette pièce un bois nerveux et flexible; la batte, mesurant 70 centimètres environ, se fait d'un morceau de bois lourd, orme ou charme. Pour être opéré convenablement, le battage au fléau demande une certaine habitude, et le maniement de la batte exige un apprentissage

Fig. 48. — Fléau.

assez fatigant. Aussi ce mode d'égrenage des céréales, très propre aux petites exploitations et aux métayers, tend-il à disparaître et à être remplacé, dans les fermes un peu importantes, par le travail à la machine, plus rapide et supérieur à tous les points de vue au travail manuel.

Quoi qu'il en soit, lorsque le blé est détaché de l'épi par le choc du fléau, il est encore impropre à être mis en usage, et le grain doit être débarrassé de la poussière, des barbes, des balles et des menues pailles qui s'y trouvent mêlées. Quand les batteurs relèvent le grain, ils enlèvent déjà une partie de ces déchets avec le râteau de bois appelé *fauchet*, mais il reste encore des impuretés et des poussiers en quantité au moins égale à deux fois le volume du grain. Le nettoyage indispensable, s'il s'effectue à bras, peut être opéré suivant deux procédés différents : le *pelletage* ou le *vannage*. Le premier consiste à établir un courant d'air en ouvrant toutes les portes de la grange; l'ouvrier, muni d'une pelle de bois, lance le mélange à nettoyer par pelletées, à une hauteur de 3 ou 4 mètres, de manière à lui faire décrire un demi-cercle. Le grain le plus lourd tombe en avant, le plus léger ensuite, puis les menues pailles, enfin la poussière, qui est entraînée au loin. L'opération marche bien quand elle n'est pas contrariée par le vent; mais il arrive souvent qu'il change subitement, alors les ouvriers sont aveuglés par la poussière, et, de plus, cette poussière retombe sur le grain déjà nettoyé. Ce procédé est donc fort défectueux, et on lui préfère plutôt le vannage au moyen du *van* à bras, ou mieux, du *tarare*.

Le *van* (*fig.* 49) est un récipient en osier, de forme circulaire, muni en arrière d'un rebord de 25 centimètres de haut environ, qui va

Fig. 49. — Van.

en mourant à droite et à gauche, en sorte que le devant, sur un tiers de son périmètre, est dépourvu de ce rebord. L'ouvrier, pour se servir de l'instrument, le saisit par deux poignées solidement fixées de chaque côté du rebord, et le plonge dans le tas de grains à purger. Il attire, avec le râteau, de 10 à 12 litres de ce grain sur le van, et, se plaçant dans un courant d'air, il imprime à l'instrument, qu'il tient appuyé sur les cuisses, un mouvement

Fig. 50.— Petit crible.

qui soulève le grain et le fait retomber en roue au fond du van. De même que pour le fléau, la manœuvre du van exige une grande habitude et un tour de poignet particulier. La poussière et les menues pailles, avec les grenailles et les grains échaudés, tombent au pied du vanneur, et les *autons*, ou grains de blé que le fléau n'a pas débarrassés de leurs balles, remontent à la surface, où l'ouvrier les réunit par un mouvement de va-et-vient, puis les fait tomber avec le dos de la main dans un coin, d'où il les reprendra plus tard pour les rebattre.

Quoique le vannage nettoie mieux le grain que le pelletage, il est encore insuffisant la plupart du temps, et l'opération doit être complétée par un criblage sérieux ayant pour but d'extraire les graines étrangères. Les cribles ordinairement employés dans la petite culture appartiennent à plusieurs systèmes, dont les principaux sont le *crible allemand*, le *cylindre-crible* de Pernollet, et le *cylindre trieur* (*fig.* 51), qui sont des sortes de tamis, en forte tôle étamée, ou en treillage de fils de fer, sur lesquels les grains venant d'une trémie distributrice, s'écoulent en nappe. Ces cribles sont circulaires ou de forme carrée et souvent disposés en plan incliné. Mais quelque ingénieux qu'ils soient, ils ne peuvent

Fig. 51. — Trieur.   Fig. 52. — Tarare.

remplacer le *tarare* (*fig.* 52), aujourd'hui universellement employé dans toutes les fermes, et qui en une seule opération débarrasse les grains de toutes les impuretés qui s'y trouvent mélangées et les classe par grosseurs.

Tels sont les principaux instruments aratoires *à main* en usage dans les exploitations agricoles. Nous allons arriver maintenant aux machines qui sont dérivées de ces outils simples mais lents, et en premier lieu, aux machines destinées à retourner le sol, aux charrues.

II. — LE LABOURAGE ET LES CHARRUES.

Charrue. — Le labourage est l'opération la plus essentielle de la culture de la terre, qui doit être préparée de façon à recevoir, avec toutes chances de succès pour la germination, les semences qu'on veut faire fructifier. Tout d'abord exécuté avec des moyens très rudimentaires, avec une simple branche d'arbre ou un morceau de bois pourvu de dents et traîné par les femmes, le labour fut superficiel jusqu'au jour où fut créée la charrue primitive, dont l'invention se perd dans la nuit des temps. Si l'on s'en rapporte, pour savoir ce que pouvait être cet instrument indispensable chez les Égyptiens et chez les Grecs, aux bas-reliefs et aux médailles antiques, on se rend compte qu'il a subi de nombreuses transformations qui marquent les progrès successifs apportés, aux différentes époques de l'histoire, à l'art de cultiver la terre.

Les premières charrues consistaient donc en un simple tronc de bois crochu, durci par le feu et muni d'un gouvernail; un caillou, plus tard un soc de fer, fut grossièrement raccordé au crochet par une ligature, ou mieux, par une douille. Ce furent les Romains qui inventèrent les versoirs ou oreilles, et, si l'on en croit Pline, c'est aux habitants de la Gaule cisalpine que l'on doit l'invention du *planaratrum*, ou charrue à roues, déjà connu cependant des Anglo-Saxons.

Jusqu'au XVIIe siècle la France agricole resta attachée aux méthodes de labourage des Latins et des Gaulois, en raison de l'horreur des cultivateurs pour toute nouveauté, encouragés dans leur routine séculaire par l'opinion des écrivains qui, comme Estienne Ligier, par exemple, considéraient que la forme de la charrue importait peu, pourvu qu'elle labourât la terre. Ce fut donc en Angleterre que le mouvement débuta, avec Walter Blyth en 1630, et Arbuthnoot qui formula, dans un mémoire publié en 1774, la théorie du versoir. Ce mémoire attira l'attention de tous les gens instruits, notamment de Jefferson, l'ancien président des États-Unis, ce qui fut cause que l'Amérique, après avoir reçu la charrue d'Europe, nous la renvoya améliorée.

Le prix de 10 000 francs proposé en 1801 par le ministre de l'Intérieur Chaptal, à l'instigation de l'agronome François de Neufchâteau, bien que non décerné, eut les plus heureuses conséquences et amena les mécaniciens français à s'occuper de la question. Guillaume modifie la charrue de Brie et substitue aux versoirs de bois des versoirs en fonte, ainsi que cela se pratiquait en Angleterre; Mathieu de Dombasle fonde l'école et les ateliers de Roville, et en 1854, M. Grandvoinnet publie l'étude mathématique de la charrue. L'élan était donné et ne devait plus se ralentir : de tous côtés les chercheurs se mirent à perfectionner les instruments d'agriculture.

Nous n'avons pas besoin de dire que c'est le travail à exécuter qui détermine le genre d'instrument à employer, cela va de soi; et on conçoit que du genre de labour adopté dépend la forme et la dimension à donner à la charrue. Nous dirons donc un mot du labourage avant de décrire la construction mécanique des charrues actuellement en usage.

Le labourage a pour but de retourner le sol, d'en exposer les parties profondes aux agents atmosphériques, de l'ameublir sur une certaine épaisseur, de détruire et d'enfouir les plantes nuisibles et parasites. La profondeur du sillon dépend des effets qu'on veut obtenir; elle est, suivant M. Ringelmann, de :

8 à 10 centimètres de profondeur pour les labours superficiels.
15 à 18   —   —   ordinaires.
20 à 25   —   —   profonds.
30 à 45   —   —   de défoncement.

L'opération s'exécute à l'aide de charrues, en retournant des

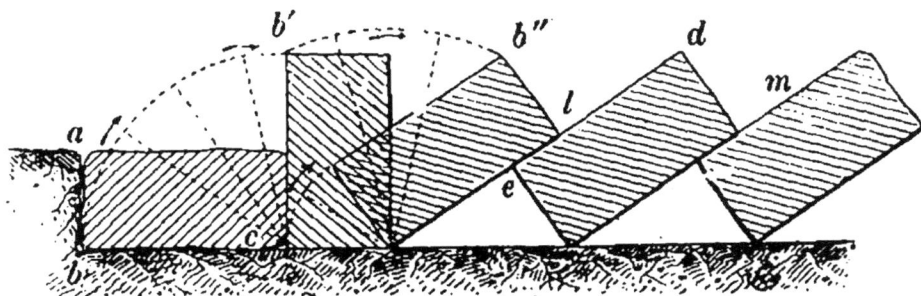

Fig. 53. — Schéma du labourage.

bandes de terre parallèles, de longueur égale à celle du champ et de largeur et d'épaisseur déterminées. La charrue tranche verticalement la terre en $a\,b$ (*fig.* 53), puis horizontalement de b en c; le rectangle pivote ensuite sur lui-même, l'arête $b\,c$ tendant à devenir verticale et à se dresser en $b'\,c$, et enfin il se couche sur la bande de terre précédente $e\,d$ en continuant de tourner. Il résulte donc que la charrue doit exécuter trois temps de l'opération : couper la terre de haut en bas, détacher une bande de droite à gauche et faire tourner cette bande de section rectangulaire jusqu'à ce qu'elle soit couchée sur celle qui la précède. Pour que le labour ait son plus grand effet, il faut que la surface $b''\,l\,d\,m$ exposée aux agents atmosphériques soit le plus grande possible, ce qui est obtenu en inclinant à 45° la ligne $e\,l\,d$; dans ce cas, le cube de terre mis en relief croît directement avec la profondeur de la bande, et la largeur doit être d'environ une fois et demie la profondeur. Cependant, dans les labours de défoncement, la largeur est quelquefois plus petite que la profondeur, lorsqu'on ramène le sous-sol à la surface, et le cas inverse se présente quand on fait des labours superficiels pour déchaumer ou dégazonner. Le but du labour est donc bien d'exposer à l'air les surfaces de terre auparavant enfouies. On désigne sous le nom de *muraille* la ligne $a\,b$ une fois redressée; a est le *guéret*, et $b\,c$ la *jauge* ou *raie*.

Quand on exécute un labour *en planches*, on commence par faire une *enrayure*, et on retourne, en allant, la première bande de terre, puis en revenant, la deuxième bande, et ainsi de suite jusqu'à la dernière; la planche est terminée et séparée des autres par deux rigoles ou *dérayures* (*fig.* 54). Dans le *labour à plat*, qui exige des charrues particulières, appelées *tourne-oreilles* ou *brabants*, versant la terre indifféremment à droite ou à gauche, on enraye à la première dérayure;

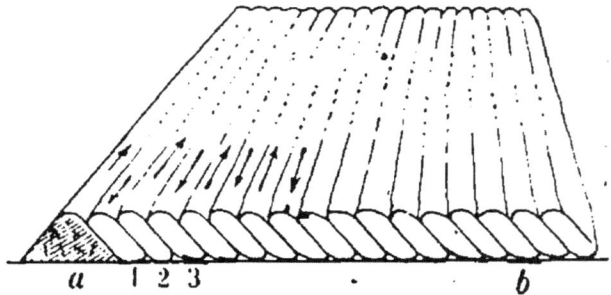

Fig. 54. — Labour à plat.

puis, arrivé au bout du champ, on tourne sur place, on bascule la charrue, et on couche la bande, et ainsi de suite jusqu'à l'extrémité du champ. Par ce procédé, il n'y a plus de surfaces perdues en dérayures, et on fait plus de travail par jour, car on n'a qu'à tourner sur place à chaque bout du champ. Cette méthode, en usage notamment dans les pays à culture améliorée, convient surtout aux terres sèches ou assainies. Enfin, il existe encore un genre de labour employé dans les contrées où, comme dans la Bretagne, le sol est humide et peu profond : c'est le *labour*

Fig. 55. — Labour en billons.

en billons (*fig.* 55), qui s'effectue avec une charrue versant d'un seul côté. Ce labour se compose de trois ou cinq raies successives ; des rigoles sont formées entre chaque billon pour faciliter l'assèchement du terrain, la profondeur du sol se trouve ainsi augmentée par places.

Composition de la charrue. — Une charrue devant couper la terre verticalement et horizontalement et la verser, se compose, par suite, de trois pièces principales accomplissant chacune une phase particulière de l'opération, et qui sont les suivantes (*fig.* 56 à 58) :

Le *coutre*, destiné à couper la terre verticalement.

Le *soc*, coupant la terre horizontalement.

Le *versoir* ou *oreille*, qui soulève, retourne et incline la bande de terre coupée.

Ces organes sont réunis et reliés à une pièce de bois horizontale appelée *age*, *haie* ou *flèche*, à l'avant de laquelle s'attache le palonnier de traction, soit directement, soit par l'intermédiaire d'une tige et d'un crochet de tirage dont la position se modifie par un régulateur déterminant la largeur et la profondeur du labour. Le coutre est fixé à l'age par une *coutrière* ou *étrier*; le *sep*, qui glisse au fond de la raie tracée et sur lequel appuie la charrue, le versoir et le soc sont fixés par des étançons. Enfin, deux *mancherons* servent au laboureur à diriger et à maintenir la charrue pendant le travail.

Telle est la composition de la charrue la plus simple, ou *araire*, dont l'usage est encore très répandu. Lorsqu'on veut donner plus

56. – Araire en bois.

57. – Araire en fer Ransomes.

Coutrière

Age

Age

Mancherons

Coutre

Coutre

Étançon

Soc

Sep

Crochet d'attelage

Versoir

Soc

Porte-fouet

Coutre

Talon

Rasette

Poignée de décliquetage

Chignon

Poignée de renvers

Écamoussure

Age

Versoirs

58. -- Charrue Brabant double *Amiot et Bariat*

Sep

Coutre

Soc

Chignon

Double

Clichet

poignée

Contre-sep

Suivant ou Age

Vis

Rasette

Versoir gauche

Verrou d'encliquetage

Trictrac ou Étrier triangulaire

Palette

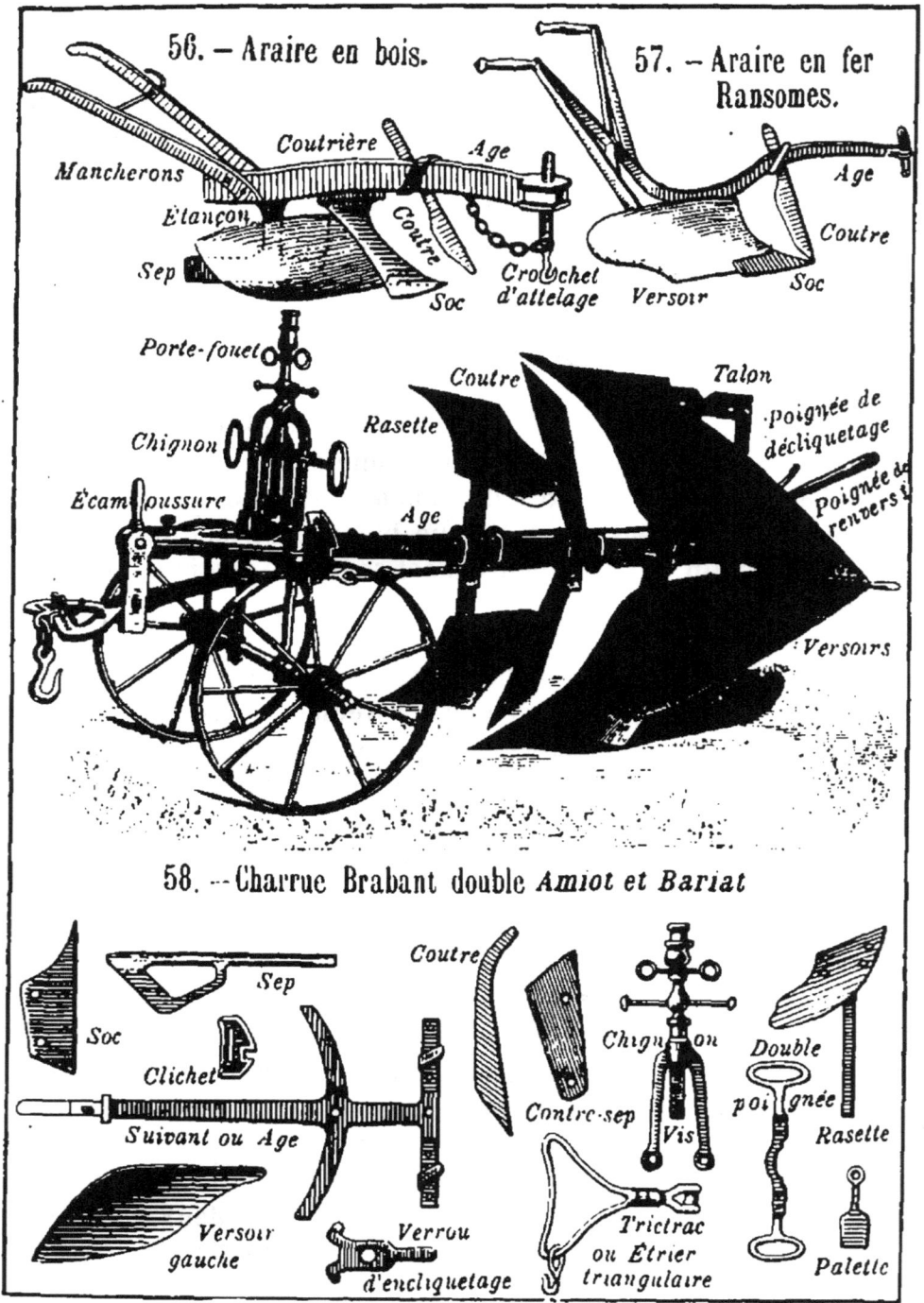

Fig. 56, 57, 58. — LA CHARRUE : Ses organes.

de fixité à l'instrument, on ajoute, en avant de l'age, qui peut être en bois ou en fer, un support réglable dans le sens vertical, soit un sabot, soit une roulette ou deux roues ; on a dans ce cas la *charrue à supports*. Si la tête de l'age repose et pivote sur un essieu porté par deux roues, on a la charrue à *avant-train*. La charrue peut n'ouvrir qu'une seule raie, avec un seul versoir, ou plusieurs étagés sur le plan vertical et retournant la bande en plusieurs fois ; ou bien elle peut ouvrir plusieurs raies, et alors elle possède plusieurs coutres et versoirs dans le plan horizontal. On désigne ces charrues sous les noms de *bisocs*, *trisocs* et *polysocs* ; ces noms n'indiquent pas le travail qu'elles effectuent, et il serait préférable, comme le dit M. Ringelmann, de les désigner sous le nom de *charrues multiples*, car il ne s'ensuit pas, parce qu'une charrue possède plusieurs socs, qu'elle puisse pour cela ouvrir simultanément plusieurs raies (*fig*. 63).

Les conditions qui doivent présider à l'établissement d'une bonne charrue sont celles-ci :

Le coutre, dont l'effet est de trancher la terre verticalement, doit être incliné la pointe en avant, de façon à avoir une tendance à *l'entrure*, c'est-à-dire à la pénétration dans le sol ; les pierres et les racines glissent le long du tranchant et remontent à la surface. Lorsque le coutre est vertical ou incliné en arrière, cet inconvénient de l'amas progressif d'herbes et de racines sous l'age, connu sous le nom de *bourrage* et qui augmente l'effort de traction en retardant l'avancement, ne se produit pas. Aussi évite-t-on ce bourrage en donnant au manche du coutre une direction verticale à partir du sol ou en courbant l'age à l'endroit de la coutrière, de façon à laisser au-dessous du coutre un vide où les racines et les herbes puissent se dégager. La position du coutre doit être variable à volonté, pour donner plus ou moins de tendance à prendre raie. Si cette tendance est exagérée, la traction se trouve augmentée, la bande de terre est comprimée et se trouve poussée du côté où elle doit être versée ; c'est donc un effet qu'il faut éviter. Il faut que le côté du coutre qui regarde le guéret soit presque parallèle à la direction du mouvement de la charrue.

L'expérience a démontré que la pointe du coutre doit se trouver à 1 centimètre en avant de la pointe du soc, et de 3 à 5 centimètres au-dessus de cette pointe ; enfin, elle doit, du côté de la terre non labourée, dépasser de 5 à 10 millimètres le bord latéral du soc, de façon à diminuer le frottement des étançons, et à donner du *rivotage* à la charrue, c'est-à-dire une tendance à prendre de la largeur. L'angle d'inclinaison du coutre avec la verticale est de 30 à 35°, et l'épaisseur de l'outil doit être la même sur toute sa longueur, excepté à son extrémité, où cette largeur diminue et se termine en pointe. Les coutres ordinaires sont en fer forgé avec tranchant aciéré, rechargé d'acier après usure, ou même complètement en acier dans les meilleurs modèles; ils sont fixés à l'age soit par une pièce de fonte appelée *coutellière* ou *coutrière*, soit par une vis de pression, comme dans l'araire de Dombasle. Mais comme cette disposition exige que l'age soit percé de trous, ce qui l'affaiblit, on a imaginé d'autres moyens de serrage, tels que l'*étrier* américain de Jefferson, simple bride en fer rond qui presse par des boulons le manche du coutre contre l'age, l'*anneau à écrous* de Howard serrant un manche cylindrique mobile autour de son axe, et le coutre coudé en équerre et boulonné au premier étançon comme dans divers systèmes américains. Enfin, certaines charrues étrangères possèdent des coutres circulaires, formés d'un disque tranchant aciéré ou en acier, destinés plus particulièrement à couper les terrains enchevêtrés d'herbes; ces coutres sont analogues aux roulettes à dégazonner employées dans les travaux d'irrigation. Dans le modèle Speer, le coutre, de forme demi-circulaire, est fixé sur la pointe même du soc; dans celui de Watson, il est muni d'une sorte de dent de débourrage. Le coutre est entièrement supprimé dans les charrues opérant dans des sols légers ou pierreux, pour des labours superficiels de déchaumage et pour les deuxièmes façons.

Le *soc*, dont le but est de faire horizontalement ce que le coutre exécute verticalement, est une lame triangulaire, à tranchant rectiligne, dont la pénétration dans le sol est d'autant plus facile que l'angle qu'elle forme avec la *muraille* est plus aigu. Si le coutre peut être supprimé dans certaines circonstances, il n'en est pas de même du soc, dont la fonction est beaucoup plus importante. La pointe du soc, qui s'use assez rapidement, est souvent rendue mobile, et elle se trouve alors fixée à l'étançon et au sep; on peut la remplacer ainsi en quelques instants. Mais, quel que soit le genre de soc dont on fait usage, il faut que le tranchant seul et la pointe touchent la jauge, de façon à empêcher l'adhérence de la terre en dessous du soc. Ordinairement la pointe pique davantage que le tranchant : c'est ce qu'on appelle donner de l'*embéchage*, ou de la tendance à pénétrer en terre. De même, la pointe doit être dirigée vers le guéret pour donner plus de rivotage, ou tendance à prendre de la raie.

Les socs sont fabriqués en fonte, en fer et en acier; dans le premier cas, leur prix est peu élevé, mais ils sont plus cassants, bien qu'ils résistent mieux que les autres aux frottements dans les sols siliceux. Lorsque leur surface supérieure est durcie par les procédés de moulage indiqués dès 1785 par Robert Ransomes, ils sont plus résistants; cependant les socs ordinaires suffisent dans les terrains cultivés depuis longtemps, et leur usage permet de réaliser une importante économie. Dans les modèles de charrues anglaises de Ransomes et de Howard, le soc est à douille, dans laquelle pénètre la pointe du sep. Une tringle, dont l'extrémité est recourbée, maintient le soc et va se boulonner sur l'étançon d'arrière dans une ou deux glissières : l'une verticale, destinée à donner plus ou moins d'embéchage, l'autre horizontale pour le rivotage.

Le *versoir* ou *oreille* est l'organe essentiel de la charrue ; son rôle est, comme nous l'avons expliqué plus haut, de renverser la bande de terre que le coutre et le soc ont détachée sous la forme d'un long parallélipipède. Le versoir doit soulever graduellement la bande de terre jusqu'à la renverser sous un angle de 45°; il est nécessaire que l'angle, avec le plan horizontal, change d'une façon régulière et continue, et alors on remarque que la bande de terre, ainsi soumise à l'action du versoir, subit une torsion qui la rapproche d'une portion d'hélice, d'où l'on conclut que cette forme doit être également celle du versoir. Jefferson avait proposé la forme paraboloïde hyperbolique, et le versoir a, depuis, été modifié à l'infini; on connaît les modèles imaginés par Ridolfi, l'abbé Lambruschini, Arbuthnoot, Hight, de Valcourt, etc.

Les constructeurs sont donc aujourd'hui éclairés sur les conditions que doit remplir un versoir, destiné à travailler dans un terrain de consistance connue, la théorie mathématique de cet organe de première importance servant de base et de guide pour la fabrication.

Pour éviter l'adhérence de la terre au versoir quand on laboure de la glaise ou des marnes collantes, on est obligé d'employer des charrues à versoir court, ce qui est un inconvénient, car, comme il y a une torsion de 130° environ de la bande de terre, moins la longueur sur laquelle s'effectuera cette torsion sera grande, plus l'effort de traction qu'il faudra développer sera considérable. Un moyen a été préconisé par l'Anglais Sack pour éviter ce raccourcissement du versoir et l'adhérence de la terre : un petit réservoir en tôle, d'une capacité de 10 litres, se trouve placé derrière le versoir ; contre l'assemblage des mancherons un tuyau amène l'eau de ce réservoir sur le côté du soc et sur le versoir. Ces pièces ainsi humectées laissent glisser la terre, qui n'adhère plus au métal. Un petit robinet commande le débit, et les ouvertures, garnies d'un cordon de caoutchouc, sont disposées de telle sorte qu'elles ne puissent se boucher. Cette amélioration procure, d'après le constructeur, une diminution de traction de 10 à 30 pour 100, suivant le cas.

Le versoir, fixé à l'étançon de devant et à droite, est quelquefois fixé à celui de gauche dans quelques charrues belges et du midi de la France. Dans certains modèles le versoir est à *expansion* et fixé à charnières sur l'étançon d'avant. On peut ainsi modifier à volonté son angle d'action suivant la résistance du sol et la largeur du labour.

Autrefois on faisait en bois tous les versoirs de charrues ; il n'en est plus de même maintenant, et cette pièce est toujours fabriquée en très forte tôle d'acier ou en fonte durcie, comme les seps, par le moulage en coquille. On a construit des versoirs à disques mobiles, destinés à empêcher l'adhérence et à faciliter le glissement, disposition très défectueuse, car il se produit un encrassage rapide qui arrête le fonctionnement ; on en a aussi construit à claire-voie, analogues à ceux des arracheurs de pommes de terre ; enfin les charrues canadiennes ont presque toutes des versoirs de fonte faisant corps avec un age très recourbé, système fort onéreux au point de vue des réparations.

Le *sep* ou *semelle* est la pièce de soutien située sous le versoir et fixée à la partie inférieure des étançons ; il reçoit à sa partie antérieure la souche ou douille du soc ; la partie postérieure est appelée *talon*, et la partie latérale touchant au guéret constitue la *muraille*. Deux côtés doivent être très unis : celui de dessous et celui de la muraille, lesquels se réunissent en formant un angle droit. Le sep peut être fait en bois : les terres collantes qu'il traverse y adhèrent moins, mais l'usure est plus rapide ; aussi préfère-t-on les fabriquer en fonte, d'un grain fin et homogène, qui prend par l'usage un très beau poli. Il vaut mieux, pour la facilité des réparations, faire les seps en deux pièces, dont l'une, le talon, est très petite et peut, par suite, se remplacer à peu de frais. Quelques modèles possèdent même un *talon roulant*, formé d'une petite roue fixée à l'étançon, tournant dans le plan bissecteur.

Les *étançons* constituent les organes intermédiaires de liaison des pièces de charrue qui subissent tout l'effort de la résistance du sol avec l'age sur lequel s'exerce la traction. Ils doivent donc être très résistants, et on ne les fait qu'en fer ou en fonte, très rarement en bois. Quand il y en a deux, comme dans les araires dérivées du modèle de Dombasle, l'étançon antérieur constitue la gorge du versoir, et même une partie de la surface de ce dernier ; mais la plupart du temps on n'emploie qu'un seul étançon en fonte, très large et indéformable. Enfin, dans certaines charrues américaines l'age se recourbe en col de cygne après le coutre, et forme étançon à l'avant.

On donne le nom de *rasette* ou *peloir* à un petit soc avec versoir qui se fixe sur l'age, en avant du coutre, et qui a pour but d'enlever à la surface du sol une croûte mince qui tombe au fond de la raie avec les herbes.

L'*age*, qui supporte et relie toutes les pièces travaillantes de la charrue, se fait en bois ou en fer, suivant le cas. Il est fabriqué d'un seul morceau, ou en deux parties troussées. Dans ce dernier cas, deux lames de fer minces, soudées ensemble à la partie antérieure, vont en s'éloignant progressivement et sont maintenues à l'écartement voulu par des entretoises. Ce dispositif diminue le poids de l'age d'un cinquième environ, tout en assurant la même solidité. L'age peut être rectiligne ou recourbé en col de cygne à l'avant du versoir pour éviter le bourrage ; dans certaines contrées on le fait assez long pour constituer le timon, qui s'attache directement au joug.

Les *mancherons*, situés dans le prolongement de l'age, servent au laboureur à diriger la charrue dans le sol et à corriger ses déviations. Ils doivent être d'autant plus longs que le sep et le corps de la charrue sont eux-mêmes plus longs et plus lourds; leur longueur moyenne est de 1^m,25 et leur écartement de 50 à 60 centimètres aux poignées. Quand le laboureur appuie sur les mancherons, il augmente l'*entrure*, et il la diminue en les soulevant; quand il agit dans le sens horizontal, il modifie l'*embêchage* et fait varier, par suite, la largeur du labour. Les mancherons ont une action bien moindre dans les charrues à supports ou à avant-train que dans les araires, où l'effet est instantané; ils peuvent être relevés ou baissés de façon à s'ajuster à la taille de l'ouvrier dans certains systèmes américains.

Nous examinerons maintenant les qualités respectives des différents types de charrues actuellement en usage.

Types de charrues (*fig.* 59 à 68). — L'araire, que nous venons d'étudier, a été l'objet de nombreuses discussions et sa valeur a été tour à tour affirmée et contestée par des agriculteurs compétents. A égalité de travail, ce modèle exige moins de traction que les autres, dont le poids est toujours plus élevé. Il permet de faire des tournées plus courtes, mais sa manœuvre est plus difficile et elle exige des ouvriers adroits corrigeant à tout instant, à l'aide des mancherons, les déviations de cet instrument qui est, quoi qu'on en dise, fort instable.

Cet inconvénient ne se produit pas avec les charrues à supports, dans lesquelles l'age est toujours à une hauteur constante au-dessus du sol. Le laboureur conduit ces charrues avec beaucoup moins de fatigue, n'ayant à corriger que de courtes déviations, au lieu d'agir constamment sur les mancherons comme avec l'araire. La traction doit s'opérer par l'intermédiaire d'un *régulateur* de modèle quelconque, variant le point d'attache du crochet d'attelage dans le plan vertical, et maintenu à la hauteur voulue par un coin ou une vis de pression pouvant être manœuvrée depuis les mancherons. On peut avoir ainsi une charrue rapidement et parfaitement réglée; on remplace quelquefois la vis par une crémaillère actionnée par un pignon.

Dans la charrue brabançonne, le support est un sabot de fer ou de bois doublé de fer; mais l'effort de traction est plus grand que lorsque ce support est une roulette, ou mieux un essieu à deux

roues d'aussi grand diamètre que possible. Dans certains cas les
roues sont d'inégal diamètre : la plus grande marche dans la
jauge, et la petite sur le guéret. De toute façon le graissage est
assuré par des boîtes à huile entourant l'essieu, et analogues à
celles des voitures ordinaires.

Lorsque les charrues sont montées sur un avant-train, celui-ci
est ordinairement indépendant. La tête de l'age vient s'y appuyer
par l'intermédiaire d'une pièce appelée *sellette* et reste libre dans
tous les sens. La sellette est mobile dans le sens vertical et glisse
sur deux tiges de fer percées de trous; on peut donc régler la
hauteur de la tête de l'age et, par suite, la profondeur du labour.
Des chevilles implantées sur la sellette permettent le déplacement
latéral de l'age, concurremment avec le crochet d'attelage, qui
règle la largeur; la chaîne de droite vient s'attacher sur l'age à
un point variable et dépendant de la profondeur. De même que
dans le modèle à supports, les roues de la charrue à avant-train
peuvent être de même diamètre ou d'inégale hauteur, suivant le
but qu'on veut atteindre. Dans l'avant-train système Eckert, elles
sont montées sur un essieu coudé; celle de droite roule sur le
guéret, celle de gauche se règle à la hauteur voulue à l'aide d'un
secteur denté; l'essieu demeure horizontal. La tête de l'age peut
être réglée en hauteur sur la tige verticale; celle-ci se déplace
horizontalement sur l'essieu dans une coulisse qui permet de régler la largeur du labour.

On donne le nom de *charrue tourne-oreilles* et *dos à dos* à un
genre de charrues permettant d'exécuter les labours à plat; ce
type tend à disparaître complètement, et la plupart des exploitations rurales l'ont remplacé par le *brabant double*, beaucoup
plus perfectionné. Ce dernier modèle comporte deux corps com-
plets de charrue superposés et disposés symétriquement par rapport à un age commun. Les étançons sont solidaires et forment
un corps double pouvant tourner avec l'age, de manière que
l'on peut faire travailler tantôt le corps qui verse à droite, tantôt
celui qui verse à gauche. Toutes les charrues à bascule, désignées sous l'appellation générale de *brabants*, fonctionnent de
cette façon et ne diffèrent guère que par le mécanisme d'encliquetage.

Les deux roues sont d'égal diamètre; l'essieu porte deux tiges

59. — Charrue araire.

60. — Charrue avec avant-train.

61. — Buttoir.

62. — Charrue Brabant double.

Fig. 59 à 62. — CHARRUES : Types principaux.

verticales se réunissant à leur partie supérieure en un *collier* dans lequel se meut la *vis de terrage* qui commande la sellette sur laquelle l'age vient reposer. Lorsque cette pièce est mobile et tourne avec les corps de charrue, l'encliquetage se fait à l'avant, ce qui constitue le dispositif le plus simple; mais dans certains systèmes les corps tournent autour d'un tourillon situé à l'extrémité postérieure de l'age, ou encore autour de l'age qui, à partir de la rasette, présente une section circulaire et forme un long axe de rotation. Alors l'encliquetage s'effectue de l'arrière.

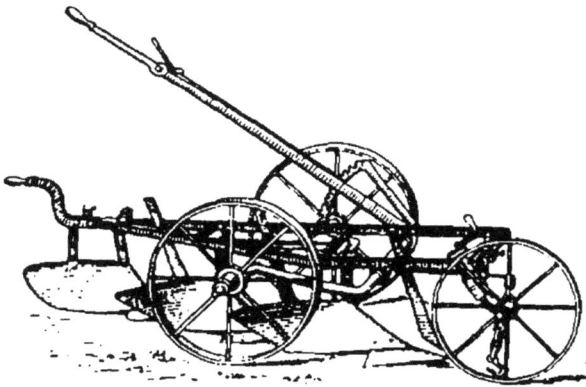

Fig. 63. — Charrue multiple ou polysocs.

Les mancherons sont inutiles dans les brabants, car ces charrues, une fois bien ajustées et bien réglées, tiennent toutes seules en terre; il leur faut seulement un levier de décliquetage et de bascule que le laboureur manœuvre à chaque tournée, ce qui limite son rôle à celui de conducteur d'attelage. Le résultat est donc meilleur : l'ouvrier, n'ayant pas à peser constamment sur les mancherons, ne se fatigue pas autant qu'avec les araires; il presse davantage ses chevaux, perd moins de temps aux tournées et, en définitive, fait plus de travail dans sa journée. Ainsi, un seul homme suffit pour diriger un brabant attelé de six bœufs, et un semblable attelage est nécessaire, cette charrue exigeant plus de force de traction que les autres systèmes, en raison de son poids plus considérable.

Pour éviter les tournées à chaque extrémité du champ, Howard a imaginé le modèle de charrue dit *balance*, qui peut fonctionner à volonté dans un sens ou dans l'autre, suivant le côté du corps reposant sur le sol.

Les *charrues multiples* (*fig.* 63), composées de deux, trois ou quatre corps de charrue montés sur le même bâti et traçant deux, trois ou quatre raies à la fois, trouvent un emploi avantageux notamment dans les labours légers. Elles exigent un peu moins de traction, toutes proportions gardées, que les charrues à une seule raie; le tirage est plus régulier, avec moins d'à-coups; enfin, le travail est opéré avec moins de frais et plus rapidement qu'avec les charrues simples. A partir de trois raies, ces machines sont pourvues d'un *levier de déterrage* permettant de régler l'entrure du soc et de le faire sortir de terre une fois le sillon terminé. Le bâti, de forme triangulaire, est porté, vers son centre, par deux grandes roues montées sur un essieu coudé solidaire avec le levier de déterrage, qui est supprimé par raison de simplicité dans certains modèles. Les mancherons n'existent pas et une poignée à l'arrière suffit pour les tournées, ces charrues étant très stables. Enfin, on peut disposer les organes de façon à constituer des brabants doubles ou des balances fournissant le maximum d'économie de temps, de laboureurs et d'attelages pour un travail donné. Mais on conçoit que ces modèles perfectionnés ne peuvent donner tout leur effet que dans des exploitations importantes et pour labourer des pièces de grande étendue et d'un seul tenant.

Pour le transport, et afin d'éviter que le soc ne traine dans les chemins, depuis la ferme jusqu'aux champs, on construit les charrues de telle façon qu'elles puissent se retourner sens dessus dessous, en les faisant porter sur l'avant-train et les mancherons; ou bien on place un sabot en bois ou en fonte sous le sep. Ce sabot, appelé *traînoir*, est rattaché au coutre par une chaine. Enfin, on construit également des traineaux pour le transport des charrues.

Parmi les différentes variétés de charrues appliquées à des travaux spéciaux et construites en conséquence, il nous faut citer les charrues *défonceuses, fouilleuses, sous-soleuses, déboiseuses, déchaumeuses*, etc.

Le *défonçage* a pour but d'augmenter la profondeur du labour; l'opération s'exécute ordinairement en deux fois : d'abord avec une charrue quelconque traçant la raie; ensuite avec une *défonceuse (fig.* 64) dont le versoir présente un plan incliné, qui enlève au fond de cette raie une certaine quantité de terre, puis la renverse par-dessus la bande de la première charrue, possédant alors deux versoirs, l'un ordinaire et l'autre du type de la défonceuse qui vient d'être décrite.

La *charrue fouilleuse (fig.* 65) a pour but d'ameublir le sous-sol sur place et sans le retourner. Elle est munie d'un certain nombre de dents en fer qui passent dans la raie du versoir pour ameublir à la profondeur désirée. On a disposé ainsi des brabants portant d'un côté le versoir, et de l'autre les dents fouilleuses. On remplace quelquefois ces dents par des petits socs en fonte dure ou en acier fondu, dans les charrues *sous-soleuses*.

La *charrue déboiseuse* est en usage pour les défrichements, et se compose, en principe, d'un certain nombre de coutres étagés à diverses hauteurs. La charrue *vigneronne* (*fig.* 66), employée dans la culture de la vigne, et disposée pour labourer tout près des ceps, possède un age situé au milieu.

La *charrue butteuse* a pour but de relever la terre autour des plantes de façon à augmenter l'épaisseur du sol arable, à assainir le terrain et à favoriser le développement de la végétation. Le buttage se pratique pour les betteraves, les pommes de terre, la vigne, etc., à l'aide d'une charrue à deux versoirs symétriques; la largeur de la raie est réglée par l'écartement donné aux versoirs, et des mancherons permettent de corriger les déviations en marche.

Les *déchaumeuses* sont de petites charrues légères qui, montées sur trois roues, possèdent trois ou quatre petits versoirs et sont dépourvues de coutres; elles servent à écroûter et enlever superficiellement les trèfles, les chaumes, et à enfouir les semis. Il faut un attelage de deux chevaux pour une déchaumeuse à quatre socs travaillant sur 60 centimètres de largeur et à une profondeur de 2 à 10 centimètres; le travail accompli dans une journée de douze heures peut atteindre plus d'un hectare.

Les *dégazonneuses* servent à enlever les gazons par plaques sans les retourner; elles se composent d'un coutre, d'un soc et d'une espèce de versoir à génératrices verticales dont l'effet est de pousser latéralement les plaques de gazon détachées par le soc. On les fait passer dans les terres après un scarificateur, et à angle droit des raies tracées par ce dernier.

Les *rigoleuses* (*fig.* 67) sont utilisées pour le traçage des rigoles d'assainissement et d'irrigation; leur soc présente la forme d'une moitié de cylindre que le versoir continue, de manière à constituer une sorte de gouge. La terre qui sort de l'instrument se trouve rejetée sur le côté.

64. — Charrue défonceuse.

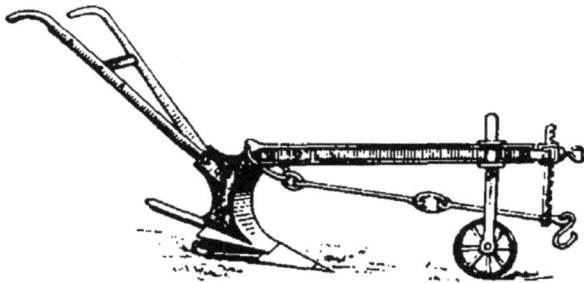

65. — Charrue fouilleuse.

66. — Charrue vigneronne.

Fig. 64, 65, 66. — CHARRUES : défonceuse — fouilleuse — vigneronne.

Les *forestières* sont des genres de buttoirs pourvus d'un coutre et qui ouvrent une raie de section trapézoïdale mesurant 15 centimètres de profondeur et 45 d'ouverture. Le soc est plat et muni d'une pointe, les versoirs ont une forme appropriée au travail à exécuter. Ce genre de charrue est surtout employé pour les plantations.

Pour les travaux de défoncement ou de déboisement, et même les labours ordinaires, lorsque le morcellement du territoire ou les plantations d'arbres fruitiers n'y forment pas obstacle, il est plus avantageux de faire usage, pour la traction des puissantes charrues, de moteurs mécaniques, de préférence à des attelages de chevaux ou de bœufs. On peut exécuter ainsi économiquement des tâches difficiles, plus rapidement qu'avec n'importe quel autre système. Mais jusqu'à présent le labourage mécanique est resté l'apanage des grandes fermes et des entrepreneurs, en raison de la mise de fonds relativement élevée exigée par l'acquisition des appareils. Cependant il existe des systèmes perfectionnés, d'un

Fig. 67. — Charrue rigoleuse Bajac.

prix qui n'a rien d'excessif, et qui donnent les meilleurs résultats, ainsi que de nombreuses expériences l'ont démontré. Nous voulons parler notamment de l'appareillage combiné par les maisons Boulet et Cⁱᵒ (Brulé, successeur), de Paris, et Bajac, de Liancourt.

Le matériel de labourage mécanique Boulet-Bajac comprend soit deux locomobiles agricoles disposées aux deux extrémités du champ à labourer, et accompagnées chacune d'un treuil simple servant d'intermédiaire pour la traction de la charrue, soit une seule locomobile et un seul treuil, ce dernier à *double effet*, c'est-à-dire pouvant actionner la charrue à l'aller et au retour par le moyen d'une poulie de renvoi.

Pour les défoncements, l'instrument de labour peut être une charrue simple, travaillant à l'aller seulement et revenant à vide, ou une charrue à bascule labourant dans les deux sens. Pour les labours peu profonds, on emploie des charrues polysocs, faisant à la fois trois, quatre, cinq, six raies et même plus.

Le grand avantage du système créé par MM. Bajac et Boulet est surtout de permettre d'employer au labourage la locomobile de ferme, qui autrefois servait exclusivement au battage des grains et était remisée la plus grande partie de l'année.

Emploi de la vapeur et de l'électricité. — Les premières tentatives de l'emploi de la vapeur pour le labourage remontent à 1830;

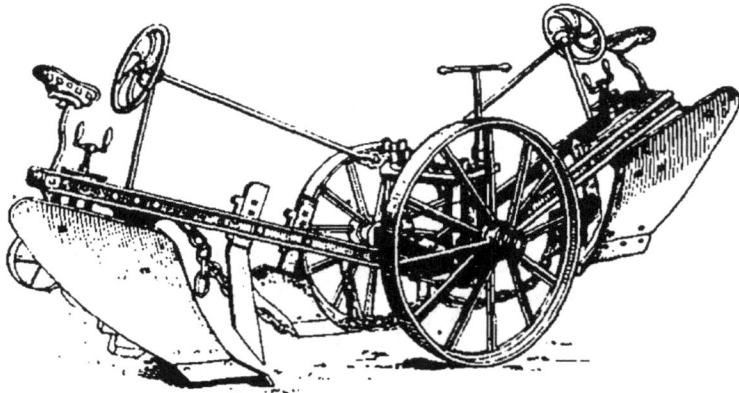

Fig. 68. — Charrue à bascule pour le labourage à vapeur.

Fig. 69. — Treuil à vapeur Boulet-Bajac pour le labourage mécanique.

elles furent faites par le major Prats. En 1852, John Fowler, de Cornhill, fonda les ateliers de Leeds dans le même but, et la Société royale d'Agriculture d'Angleterre lui décerna, en 1855, au concours de Chester, le grand prix de 12 500 francs. Les essais couronnés de résultats vraiment pratiques et rémunérateurs ne datent guère que d'une dizaine d'années. Ils ont eu lieu à Liancourt (Oise), ainsi que dans les Charentes et le Maine-et-Loire. Mais c'est surtout en Algérie et en Tunisie que le maximum d'effet a été obtenu par MM. Bajac et Boulet qui, d'un seul coup, ont laissé bien loin derrière eux tout ce qu'avaient fait jusque-là les Anglais, réputés les seuls maîtres en labourage à vapeur. Ces

Fig. 70. — Labourage électrique.

résultats sont bons à constater et à mettre en relief dans un temps où la machinerie agricole étrangère tend à disparaître de plus en plus du marché français.

De même que la vapeur, l'électricité a été appliquée comme force motrice à l'actionnement du câble enroulé sur le treuil et à la traction de l'appareil à labourer. Les premiers essais en ce genre remontent à l'année 1879 et ont été réalisés par MM. Chrétien et Félix à la sucrerie de Sermaize. Le treuil de touage était actionné par un moteur électrique à courant continu recevant l'énergie développée par une dynamo placée à la ferme et mue par la vapeur. La force première était donc la vapeur, et l'électricité n'était employée que comme un procédé de transmission plus

commode que les câbles. Le prix de revient de l'énergie au lieu
d'utilisation était considérablement accru, en raison des nombreuses causes de perte de travail par cette méthode de transport.

Les journaux du mois d'octobre 1896 ont également parlé du
labourage électrique qui s'effectue, avec un outillage perfectionné,
type Zimmermann (*fig*. 70), dans une immense exploitation rurale
du département de l'Aisne. Les organes, là encore, ne varient
guère : c'est toujours une charrue à bascule (*fig*. 69) qui est tirée,
d'un bout à l'autre du champ alternativement, au moyen d'un
câble passant dans la gorge d'un treuil mû électriquement par un
courant envoyé d'une station de production ordinairement située
dans la ferme.

Ajoutons que tout récemment un ingénieur, M. Souza, a obtenu
de très bons résultats avec un système d'automobiles à vapeur et
à pétrole tractionnant la charrue. L'effort de traction disponible au
crochet d'attelage a été de 600 à 700 kilogrammes, avec une
vitesse de 37 centimètres par seconde, indépendamment du travail utile propre des dents dépassant dans ce cas le quart du précédent, et un moteur développant de 5 à 6 chevaux. Il y a là une
indication très utile, et ce nouveau procédé paraît posséder de
sérieux avantages.

Nous ne dirons plus, en terminant ce chapitre, qu'un mot des
charrues et de la traction qu'elles exigent. Cette traction est,
d'après les expériences de M. Ringelmann à Grandjouan, de 35 kilogrammes par décimètre carré pour un araire, de 34 à 42 kilogrammes pour les charrues à supports, de 36 à 55 kilogrammes
pour les brabants doubles, de 63 kilogrammes dans les labours de
défrichement, et de 72 kilogrammes pour les labours profonds et
les fouilleuses.

III. — PRÉPARATION DU SOL.

Nous avons décrit, dans notre premier chapitre, l'outil qu'on appelle *houe*, et montré son utilité pour le *binage*, c'est-à-dire la destruction des mauvaises herbes et l'ameublissement de la surface du sol. Cet outil, perfectionné, est devenu une machine traînée par un cheval et capable de rendre les meilleurs services. Nous l'étudierons donc en commençant.

Houes à cheval. — Les houes rentrent dans la catégorie des scarificateurs, mais les dents en sont plus petites et de forme variable, en raison du travail qu'on leur demande; elles affectent l'apparence d'un demi-cercle, d'un fer de lance, d'une faucille, d'un triangle, etc. Dans les modèles récents, les supports de ces dents, ou couteaux, sont fixes, et l'on emboîte à leur extrémité les parties travaillantes, choisies suivant le travail à exécuter. La liaison des supports au bâti est assurée par des boulons ou des étriers.

Les houes se construisent à un ou à plusieurs rangs, et elles sont disposées de telle manière que l'on peut régler l'écartement des dents d'après la distance entre les lignes dès plantes. On les complète quelquefois par une herse légère accrochée à l'arrière, de manière à opérer à la fois le binage et le sarclage. Ordinairement les dents sont montées sur des barres articulées s'ouvrant en forme de V; dans ce cas, la houe est dite à *expansion angulaire;* quand elles sont montées sur des tiges horizontales glissant dans une douille, la machine est dite à *expansion parallèle.* Si, dans un modèle à expansion angulaire, on fait varier la largeur travaillée, les couteaux, qui se trouvaient primitivement bien placés par rapport à la ligne de traction, ne le sont plus, et leur axe longitudinal n'est plus parallèle à la direction de l'instrument, à moins de déplacer les lames sur le bâti. Dans le second dispositif, où les dents sont placées sur des traverses perpendiculaires à la direction de la machine, ce sont les traverses qui se déplacent sur l'age, dont elles s'écartent plus ou moins, et elles sont main-

tenues en position par une vis de pression. Parmi les houes à
un rang les plus répandues, il faut citer les types Planet et leurs
dérivés, utilisés surtout pour le binage des plantes en lignes et
la culture des vignes. Ces houes exigent, d'après M. Charvet, un
effort de traction de 20 kilogrammes environ par décimètre carré
de section de terre remuée.

Les houes multiples, pouvant biner plusieurs interlignes à
la fois, ont des dents indépendantes et sont ordinairement à
expansion parallèle. Leur disposition rappelle celle des se-

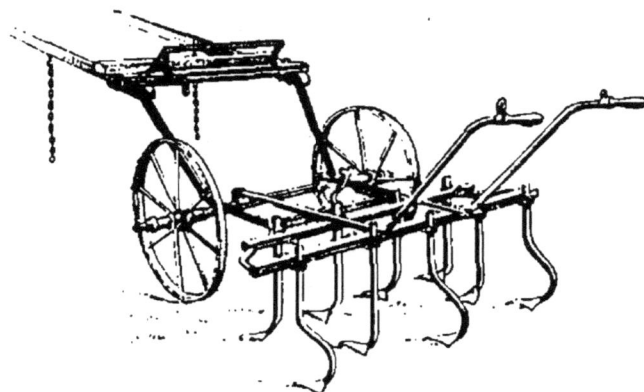

Fig. 71. — Houe à céréales.

moirs en lignes, que nous examinerons un peu plus loin ; dans
les grands modèles travaillant sur une largeur de 1^m,50 à 2 mètres,
en plus des leviers à couteaux on remarque un treuil à manivelle pouvant dégager les supports des dents en les soulevant tous
à la fois par deux chaînes reliées à une barre. Un levier oscilla-
toire appelé *gouvernail*, relié à la barre d'avant, fait dévier les
couteaux et permet de diriger l'instrument pour éviter d'atteindre
les lignes et de couper les plantes par suite des écarts de l'attelage. Enfin, on peut élever ou abaisser à volonté la barre d'avant,
de façon à régler l'inclinaison ou l'*entrure* des couteaux. Comme
la conduite de la houe devient fort difficile quand les lignes sont
très rapprochées, on la fixe à un avant-train de semoir et la circulation se trouve facilitée.

Il existe de nombreux systèmes de houes à cheval. Dans quel-
ques-uns, les roues sont disposées sur l'essieu de façon à pouvoir

prendre des écartements variables pour passer dans les différents semis; certains autres modèles sont pourvus de rasettes et sont montés sur coulisses, de façon à donner plus de poids aux couteaux et à empêcher les engorgements. Dans le dispositif de M. Lecq de Templeneuve, qui est connu depuis l'année 1879 sous le nom de *houe-éclaircisseuse*, pour betteraves, carottes, colza, turneps, etc., on trouve, à côté de la houe ordinaire exécutant le binage, des disques verticaux, à axes parallèles au mouvement, garnis d'un certain nombre de lames, et qui, en tournant sur eux-mêmes, arrachent les plantes en laissant de petits bouquets à intervalles réguliers, de 5 à 30 centimètres. Cette houe, à deux rangs, est attelée d'un cheval. Des manivelles de réglage, des leviers de déterrage, un siège et un gouvernail sur l'avant-train complètent la machine.

On construit des houes spéciales pour les terres labourées en billons; les modèles américains comportent un siège pour le conducteur, et leurs supports sont articulés comme ceux des semoirs, notamment dans les houes à maïs et à coton à deux rangs; enfin, il existe des houes roulantes analogues aux herses dites *norvégiennes*.

D'après les essais de M. Ringelmann sur la bineuse à bras de Viet, la traction nécessitée par une lame de houe en forme de triangle rectangle de 10 centimètres de largeur est de 6 kilogr. 3 pour une culture à 1 centimètre de profondeur, et de 9 kilogr. 5 pour une profondeur de 3 centimètres. Une houe à cheval travaillant sur 1m,50 de largeur permet de biner de 1 et demi à 2 hectares de terrain par journée de dix heures.

Scarificateur. Extirpateur. Cultivateur. Régénérateur de prairies, etc. — Ces divers appareils servent à compléter le travail de la charrue et à préparer le sol, ainsi ameubli, à recevoir les semences. Ils ne labourent pas, mais remuent, divisent et émiettent en parcelles infinies la terre arable. Construits dans le genre des charrues, ils sont munis d'un certain nombre de dents qui portent quelquefois à leur extrémité des socs dont la forme varie suivant le travail à exécuter.

Le *scarificateur* (*fig.* 72) est destiné à fendre la terre perpendiculairement à sa surface, et les dents qu'il porte sont tranchantes et analogues à des coutres. On le munit quelquefois d'un dispositif pour herser, formé d'un assemblage de dents fixé au bâti, ou bien

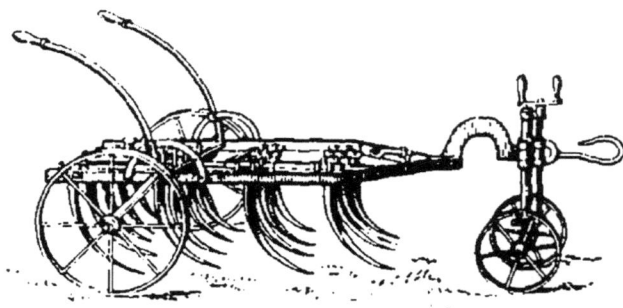

Fig. 72. — Scarificateur.

d'un rouleau denté suivant le scarificateur, auquel il est relié par des chaînes.

L'*extirpateur*, dont le nom vient de l'anglais *stirp* (racine, souche), a pour but l'essouchage ou enlèvement des racines, et l'arrachage des mauvaises herbes tout en achevant l'émiettement

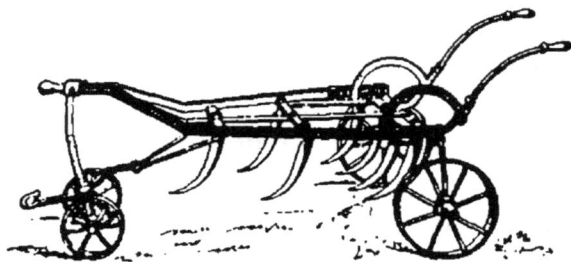

Fig. 73. — Extirpateur Bernet-Charoy.

d'une terre déjà ameublie par des opérations antérieures. Il est muni de socs plats, larges et tranchants sur les bords; ces socs ont pour effet l'écroulement de la surface du sol, horizontalement et à une faible profondeur. L'un des meilleurs types (*fig.* 73) est celui créé par Bernet-Charoy, de Ménil-sur-Saulx.

Le *cultivateur* possède des socs plus bombés et moins larges que le précédent; son travail est analogue à celui de l'extirpateur, mais il est plus énergique et il fait, dans certains cas, un travail pouvant remplacer celui de la charrue. Dans les modèles actuels, le nombre de lames travaillantes est variable à volonté ; la profondeur de la culture se règle avec un régulateur de hauteur ; enfin, un appareil de déterrage complète l'instrument et permet de le transporter et de tourner à l'extrémité du sillon sans que les socs courent le risque de se détériorer. Les tiges portant les socs sont en fer forgé, pour résister aux efforts et aux à-coups de la traction ; les dents sont inclinées comme des coutres de charrue, de

Fig. 74. — Déchaumeur.

façon à éviter le *bourrage,* et on leur donne même quelquefois une forte courbure et une forme cintrée dans ce but. Il est bon de pouvoir régler le degré d'enrure des socs à l'aide du régulateur seul ; autrement la pression des roues se trouve exagérée, et la traction est augmentée.

Certains cultivateurs, au lieu de dents, portent trois ou quatre versoirs et peuvent se transformer en charrues multiples pour les labours en terrain léger et les déchaumages. Leur poids oscille entre 120 et 180 kilogrammes pour la machine à deux chevaux, et s'accroît de 50 à 80 kilogrammes par collier en plus. L'effort de traction dépend d'une foule de circonstances : nature du sol, profondeur de la culture, forme des dents, etc. Cependant M. Hervé-Mangon, en 1873, a publié un tableau résumant les essais des instruments primés au concours de Hull (comté d'York, Angleterre), et démontré que la forme, l'exécution et l'entretien des organes travaillants doivent être étudiés avec un soin rigoureux pour obtenir le maximum d'économie de force motrice dans les différents terrains.

Aujourd'hui on tend de plus en plus à confondre en un seul les trois instruments d'agriculture que nous venons d'examiner, en les disposant de façon à remplacer en quelques instants les coutres par des socs, et réciproquement.

Herses. — De même que pour la grande culture la charrue remplace la bêche dont le travail est trop lent, de même la herse agit dans les champs comme le râteau dans les jardins. Elle dérive d'ailleurs de cet instrument aratoire, dont l'invention se perd dans la nuit des temps, et que les cultivateurs latins connaissaient sous le nom de *rastrum* et de *crates*. Mais ce n'était encore qu'un lourd et grossier râteau traîné par des attelages, et c'est seulement Dombasle et de Valcourt qui ont proposé les premières herses vraiment dignes de ce nom.

La herse est l'auxiliaire indispensable de la charrue, dont elle complète le travail, et elle reçoit des applications très variées. Elle nettoie les terrains en enlevant les herbes nuisibles et les racines des mauvaises plantes; elle émiette les mottes, nivelle le sol et prépare l'ensemencement; elle recouvre les semences et les engrais pulvérulents d'une couche de terre uniforme, rechausse les blés d'automne, éclaircit les jeunes plants et arrache les mousses des prairies. Cette multiplicité de travaux nécessiterait, pour que chacun d'eux fût convenablement exécuté, plusieurs herses de taille et de poids différents; mais cette condition se trouve rarement remplie, et les cultivateurs ne possèdent qu'une ou deux herses. Ils sont donc obligés de suppléer à cette insuffisance en raclant le sol à plusieurs reprises et jusqu'à ce que l'effet désiré soit obtenu. Il n'est pas besoin d'ajouter qu'un tel état de choses est des plus fâcheux, et qu'on ne peut, avec un outillage restreint, obtenir de bons résultats.

Il existe un nombre considérable de modèles de herses, que l'on peut ranger tout d'abord en deux classes distinctes : 1° les herses pleines, ou à dents solidaires, et 2° les herses à dents indépendantes, faciles à remplacer après usure. On peut distinguer ensuite les herses marchant parallèlement au sol, celles qui sont animées d'un mouvement rectiligne continu (herses traînantes), ou d'un mouvement circulaire continu dans le plan horizontal, combiné avec un mouvement rectiligne de translation (herses rotatives), ou encore d'un mouvement circulaire continu dans le plan vertical (herses roulantes). Enfin, on réunit quelquefois plusieurs bâtis portant des dents solidaires, et ces bâtis peuvent être articulés. Ainsi donc les variétés de herses sont très nombreuses, et les formes très différentes.

Dans la herse, la dent est la seule pièce qui travaille ; sa section affecte l'aspect d'un cercle, d'une ellipse ou d'un losange ; elle peut être fabriquée en bois, mais le plus généralement elle est taillée dans des tiges carrées en fer, et sa pointe est aciérée. Son arête est verticale et disposée obliquement par rapport au bâti ; la herse fonctionne donc dans les deux sens, en *accrochant* ou en *décrochant*, et chaque dent doit tracer son sillon.

Le système de herse que l'on rencontre le plus fréquemment (*fig.* 75) se compose d'un châssis en bois ou en fer formé de traverses de même nature. Lorsque ces traverses sont en bois, les dents sont enfoncées à force ; quand elles sont en fer, les dents sont fixées par une embase et un boulon de serrage ou un contre-écrou. Les traverses extrêmes du châssis portent une chaîne à laquelle on attelle le cheval ; ce point d'attache de l'attelage peut varier sur la longueur de la chaîne, de façon à traîner la herse pour que toutes les dents de chaque traverse passent dans la même raie. Dans certains modèles, l'entrure des dents est variable par le réglage de l'inclinaison des dents à l'aide d'un levier disposé en conséquence, ou grâce à l'emploi de roues-supports déterminant d'avance le degré de pénétration des dents.

Le modèle le plus simple est celui de Valcourt. Cette herse est toute en bois, de forme parallélogrammatique, et à dents de fer inclinées pouvant agir dans les deux sens. Une chaîne fixée aux limons sert de régulateur pour la largeur ; le crochet d'attelage étant porté à droite ou à gauche à volonté, l'écartement des sillons est ainsi réglé, ainsi que l'énergie du hersage. En retournant l'instrument sens dessus dessous, il repose sur deux madriers longitudinaux formant traîneau pour le transport.

On a construit aussi en fer la herse Valcourt ; cependant le dispositif que préfèrent les cultivateurs est celui affectant la forme

75. — Herse en bois, de Garnier.

76. — Herse articulée.

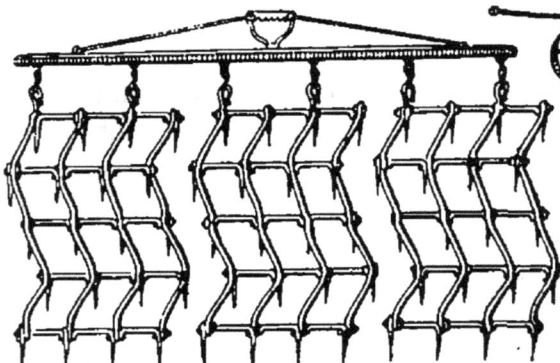

77. — Traineau de herse.

78. — Dent de herse en acier.

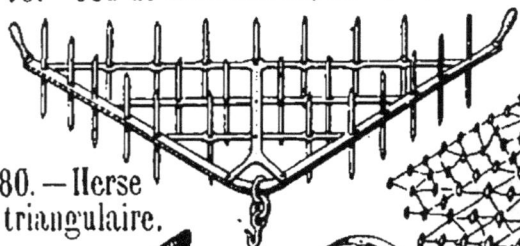

79. — Jeu de trois herses, de Howard.

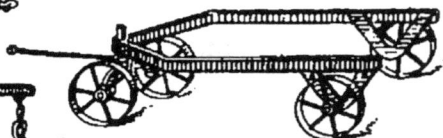

80. — Herse triangulaire.

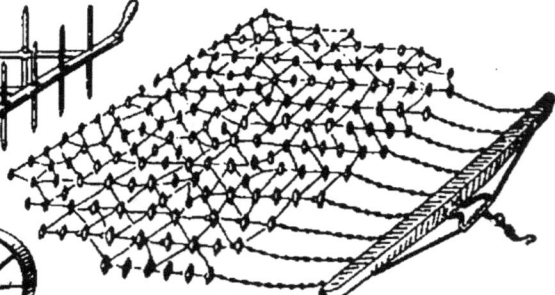

81. — Herse souple à chaînons.

82. — Herse à clavier.

83. — Herse norvégienne.

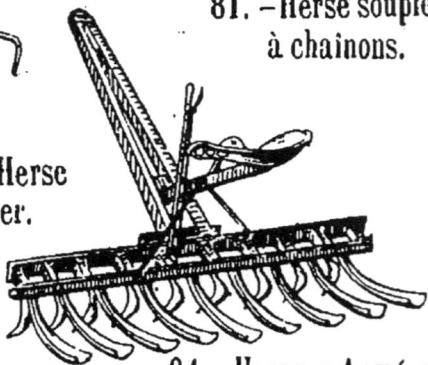

84. — Herse « Acmé ».

Fig. 75 à 84. — HERSES DIVERSES.

d'un Z allongé, qui présente plus de stabilité et se maintient mieux dans la direction du tirage. Quand il faut herser des champs de vaste superficie, au lieu d'employer une seule herse rigide, dont les dents travailleraient inégalement, on accouple sur une forte traverse, munie d'un régulateur à chaîne ou à crans permettant de faire varier l'obliquité de l'attelage, plusieurs herses de moindres dimensions. La figure 79 montre l'aspect d'un assemblage de ce genre, composé de trois herses en zigzag de Howard.

Comme il faut que ces herses conservent un certain jeu entre elles, tout en marchant parallèlement, on les réunit ordinairement à l'arrière par une barre d'équilibre, parallèle et analogue comme effet à la barre d'attelage. Dans le but d'augmenter l'effet de cette barre, tout en laissant le jeu nécessaire dans les deux sens, le constructeur E. Puzenat dispose des bras oscillant autour d'un tourillon horizontal et réunit chaque élément de herse à son voisin par des chaînettes centrales laissant un certain jeu latéral tout en limitant l'écartement.

Certains modèles de herses comportent des mancherons, analogues à ceux des charrues, et qui ont pour but de permettre de soulever l'instrument et le débarrasser des herbes qui l'encombrent. Dans les *herses à billons*, les bâtis sont cintrés. Pour le travail des vignes, les herses comportent deux ou trois limons, le bâti est en fer plat, en cornière ou en U. Les herses traînantes rigides, en bois ou en fer, étant lourdes, font un travail plus profond que les herses articulées, plus légères. On les réserve donc aux premières façons, les secondes devant être exécutées avec des instruments plus légers.

Tandis que dans le système de herse que nous venons d'examiner si une dent est soulevée à la rencontre d'un obstacle la majeure partie des autres dents passera sur le sol presque sans action, il n'en est pas de même avec les herses à dents indépendantes, où toutes les dents travaillent, quelles que soient les inégalités du terrain. Dans cette variété de herses, les dents sont fixées sur un bâti articulé permettant de suivre tous les contours du sol, ou bien elles sont réunies en certain nombre formant des sections articulées. Un dispositif consiste en une série de dents de diverses longueurs encastrées chacune dans une boîte mobile sur un essieu ; un levier, qui permet de les soulever plus ou moins, en règle la pénétration dans le sol. Telle est la disposition adoptée dans la herse dite *à clavier* (*fig*. 82), de Peltier, système Cichowsky.

Les dents peuvent être remplacées, dans les herses articulées, par des chaînons réunis les uns aux autres au moyen d'anneaux (*fig*. 81). Un modèle très répandu se compose de mailles triangulaires, en fer ou en acier, pourvues de pointes pyramidales, en fonte, reliées par des chaînettes. Les pointes étant d'inégale longueur, droites d'un côté et inclinées de l'autre, on peut donc, en retournant d'un côté ou de l'autre ces mailles, exécuter quatre hersages d'intensité différente. La herse à chaînons de Cambridge est formée de mailles d'acier réunies par des anneaux ; à chaque maille est soudée une seule dent, inclinée de façon à permettre d'agir dans les deux sens. Dans la herse Maggs, les dents sont soudées sur des plaques réunies par des anneaux. Enfin, dans le modèle de Smyth, les mailles servent d'axes à de petits disques dentés qui tournent sur eux-mêmes pendant l'avancement de la herse.

Les herses souples conviennent surtout pour l'enlèvement de la mousse des prairies, le recouvrage des semences et tous les travaux qui s'exécutaient autrefois avec de simples cadres de bois garnis de claies ou de branchages. Les *herses roulantes*, ou *norvégiennes* (*fig*. 83), conviennent plutôt à l'émottage et à l'émiettement des terres labourées. Ces herses sont formées de hérissons cylindriques, garnis de pointes aiguës sur toute leur conférence, et supportés par une paire de roues. Leur action est très énergique ; il y a ordinairement trois axes parallèles et un appareil d'entrure agissant sur les roues. Certains modèles sont dépourvus de tout support et roulent directement sur le sol.

Les *herses rotatives* (*fig*. 85, 86) se composent d'un bâti en fer, de forme circulaire, muni de dents droites et animé d'un mouvement de rotation par suite de l'effort de traction de l'attelage. Leur action est énergique, mais assez inégale ; aussi ont-elles moins d'application que les précédentes.

Il existe encore différentes dispositions de herses imaginées en Amérique, notamment l'*Acmé* (*fig*. 84), de Brother et Nash, de Millington, et la Powel, de Day. La première est formée de deux systèmes de dents recourbées ; elle est pourvue d'un siège et d'un timon, un levier permet de donner plus ou moins d'entrure concurremment avec la flèche, qui peut s'obliquer à droite ou à gauche.

La seconde est composée de neuf lames d'acier recourbées, reliées à un essieu portant un siège ; le bâti peut être soulevé par un levier

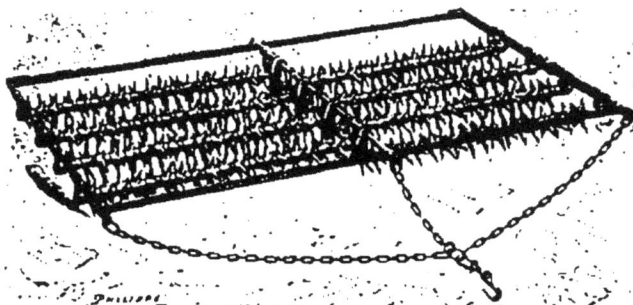

Fig. 85. — Herse roulante écroûteuse-émotteuse Bajac.

placé à portée du conducteur. Ces herses paraissent assez pratiques pour divers usages.

Le travail de traction exigé par les herses dépend de la nature

Fig. 86. — Herse roulante Bajac combinée avec un rouleau.

du sol et de sa résistance, en raison de la profondeur de pénétration des dents ; cependant on évalue que chaque dent nécessite de 1 à 3 kilogrammes de traction par kilogramme de pression ; par unité, la traction est d'autant plus élevée que le travail effectué est plus énergique.

Pulvériseur. — On désigne sous ce nom un appareil servant à compléter le labour et à préparer la culture, et qui est assez employé en Angleterre et aux États-Unis. Les organes du travail sont des disques en tôle d'acier légèrement emboutis, fixés sur un axe horizontal (*fig.* 87). Le pulvériseur comporte deux axes qui peuvent s'obliquer plus ou moins, par rapport à la flèche, à l'aide d'un levier. Lorsque les deux axes sont situés dans le prolongement l'un de l'autre et perpendiculaires à la flèche, les disques pénètrent très peu dans le sol; si on leur donne une certaine inclinaison, chaque disque découpe et retourne une bande de terre. La machine est complétée par une série de grattoirs, mus par des leviers spéciaux, un coffre de chargement et un siège; pour le transport au lieu d'utilisa-

Fig. 87. — Disque du pulvériseur Morgan.

Fig. 88. — Pulvériseur Amiot et Barlat.

tion, les pulvériseurs sont montés sur deux petites roues-supports reliées à l'axe des disques par une monture spéciale (*fig.* 88).

Rouleaux. — Le rouleau est employé par tous les agriculteurs pour compléter le travail des herses et achever l'ameublissement du sol. Son but est de comprimer le sol et de broyer les dernières mottes par l'effet de son poids. Suivant la nature du terrain, argileux ou calcaire, il sert au nettoyage du sol, à l'arrachage des plantes adventices, ou il rapproche les molécules de terre et raffermit la couche arable. Après les semailles du printemps, il resserre les graines dans la terre et assure une germination uniforme; enfin il peut régulariser le sol des prairies pour en faciliter la fauchaison.

On conçoit donc que suivant les opérations qu'il doit exécuter le rouleau doit varier de forme et de poids, mais il est bon qu'il satisfasse dans tous les cas à certaines conditions générales. Ainsi, on ne doit pas perdre de vue que plus le diamètre du rouleau est grand et plus le tirage est faible et régulier, la compression énergique, avec un même poids. Cependant, il vaut mieux employer un plus petit diamètre quand on veut briser les mottes avec un rouleau lisse. Il existe donc deux catégories d'instruments, dont les usages sont bien déterminés : les *rouleaux plombeurs*, à surface lisse, et les *rouleaux brise-mottes*, à surface dentée; ces rouleaux pouvant être tous rigides, segmentés ou articulés.

Les premiers rouleaux plombeurs étaient en pierre ou en bois (*fig.* 89), frettés aux deux extrémités, et mesuraient de 1 à 2 mètres de longueur sur 30 à 80 centimètres de diamètre. Leur action est très inégale, surtout lorsqu'une motte de terre en soulève une extrémité, et, dans les tournées, ils creusent le sol en ripant à sa surface. C'est pourquoi les rouleaux modernes sont segmentés et formés de plusieurs parties, simplement enfilées sur un arbre commun, auquel se rattache la barre d'attelage. Les rouleaux ne fer ou en fonte se composent de deux à six segments reliés aux moyeux par des croisillons. Ces moyeux ont un grand jeu sur l'axe, de façon à permettre à deux segments consécutifs d'agir à la fois, malgré une certaine dénivellation. Si le rouleau doit être tiré par des chevaux, l'axe est relié par deux chaises en fonte à un bâti supérieur sur lequel le timon ou les brancards sont fixés. Si l'attelage est composé de bœufs, on emploie un avant-train ou une flèche. Lorsque le poids de l'instrument est insuffisant pour opérer un travail donné dans de bonnes conditions, on remplit de terre ou de pierres un coffre surmontant le bâti; mais ce procédé est défectueux, car il augmente considérablement le frottement du moyeu sur l'essieu. On avait essayé de rendre les rouleaux étanches et de les remplir d'eau, mais cette idée n'a pu pénétrer

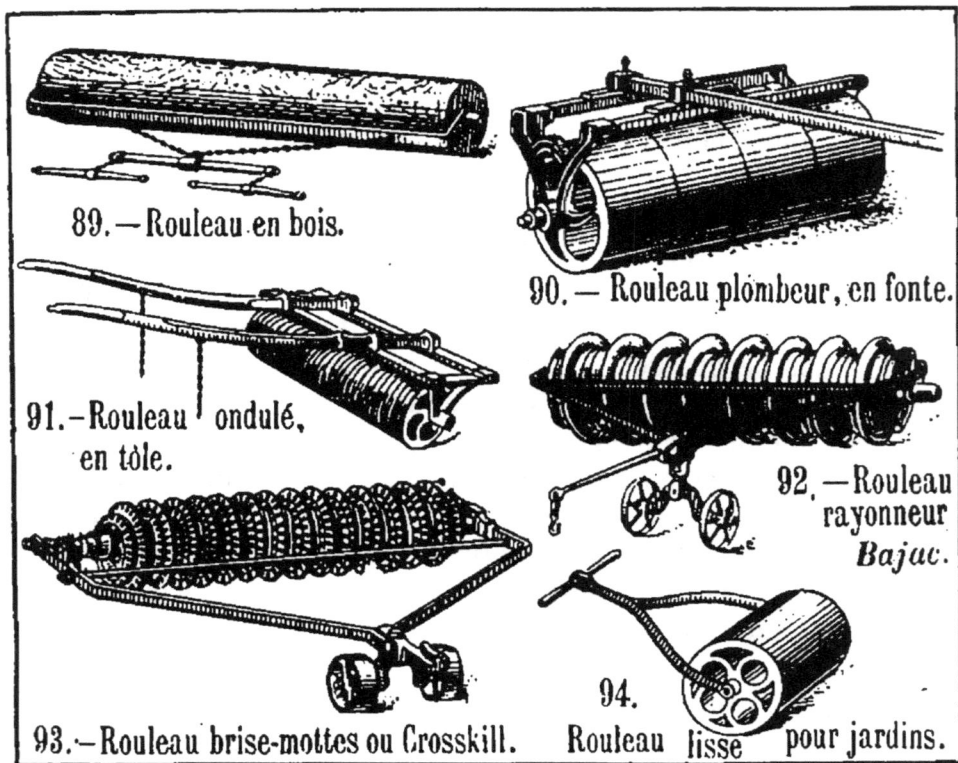

89. — Rouleau en bois.

90. — Rouleau plombeur, en fonte.

91. — Rouleau ondulé, en tôle.

92. — Rouleau rayonneur *Bajac*.

93. — Rouleau brise-mottes ou Crosskill.

94. Rouleau lisse pour jardins.

Fig. 89 à 94. — ROULEAUX DIVERS.

dans la pratique à cause des fuites inévitables et des réparations constantes résultant de ce dispositif.

Certains modèles de rouleaux sont munis d'un siège pour le conducteur et d'un frein, simple ou automatique, pour les descentes. Pour les labours en billons, les rouleaux sont formés par deux troncs de cône, réunis par leur petite base et raccordés par une ligne courbe. D'après M. Hervé Mangon, il est inutile d'ajouter aux rouleaux des lames de grattoirs destinées à enlever la boue ou la terre adhérente à la surface, car on ne doit pas rouler la terre qui est assez mouillée pour faire pâte et coller à l'instrument. Il faut un cheval pour traîner un rouleau du poids de 400 à 500 kilogrammes, deux ou trois chevaux pour des rouleaux de 600 à 1 000 kilogrammes. On ne dépasse guère ce poids, l'emploi de rouleaux pesant plus d'une tonne ne présentant aucun avantage sur les autres.

Par mètre courant de rouleau, le poids que cet instrument

exerce sur le sol doit être d'autant plus élevé que les terres sont compactes. Les chiffres suivants ont été relevés par M. Ringelmann à la suite de nombreuses expériences :

	Poids par mètre courant.	Diamètre du rouleau.
Terres légères.....	150 à 200 kilogrammes.	45 centimètres.
— moyennes..	400 à 500 —	60 —
— fortes......	700 à 800 —	70 —

Les *rouleaux brise-mottes* (*fig.* 93), désignés aussi sous le nom de leur inventeur, *Crosskill*, sont ordinairement constitués par une série de disques plats, d'inégal diamètre et dont la circonférence est garnie de dents de deux sortes : les unes dirigées suivant le prolongement du rayon, les autres perpendiculairement à cette direction. Tous ces disques sont enfilés, les petits alternant avec les grands, sur un arbre en fer autour duquel ils peuvent tourner avec un très grand jeu. En marche, tous ces disques portent sur le sol, mais comme ils ont une vitesse différente par suite de leur inégalité de diamètre, il en résulte que les mottes de terre qui se trouvent prises entre deux disques sont froissées et pulvérisées; le nettoyage est automatique.

Quelques modèles de crosskills ont des dents crochues pouvant agir dans les deux sens, mais avec plus ou moins d'énergie. Dans celui de Pécard, le même bâti porte un plombeur ordinaire et un brise-mottes; l'un des deux est en l'air pendant que l'autre fonctionne. En général, ces rouleaux possèdent une flèche à brancards ou un avant-train pour l'attelage; pour éviter la dégradation des routes pendant le transport aux champs, certains possèdent des roues porteuses adaptées sur le prolongement de l'axe et qu'on peut démonter une fois arrivé à destination, ou bien ces roues sont fixées à la partie supérieure du bâti, qu'il suffit de retourner. Mais le meilleur dispositif consiste à monter les roues sur des tiges à crémaillères mobiles dans le sens vertical, à l'aide d'une manivelle, comme dans le système Albaret.

Un genre de rouleau dont l'emploi se répand de plus en plus, c'est le *rouleau ondulé* ou *squelette* (*fig.* 91), composé de segments cylindriques ou de disques à boudins, enfilés sur un axe unique, et pourvus de curettes de nettoyage pour éviter l'engorgement qui rendrait en peu de temps le rouleau entièrement cylindrique par l'amas de terre dans les gorges séparant les disques. Ce rouleau, monté sur deux axes parallèles, s'emploie notamment en Allemagne pour tasser les terres sur les semences et sur les céréales, au printemps. Les rouleaux en fonte, à surface simplement ondulée, connus sous le nom de *rouleaux de Valsuzenay*, sont plutôt utilisés pour la préparation des prairies. Quant au *rouleau rayonneur* présenté au Concours général agricole de Paris (1893) par la maison Bajac (*fig.* 92), il est surtout recommandable pour faciliter l'opération du *démariage*, en favorisant la végétation des betteraves par places, sur les lignes, et à l'écartement voulu. Sous ce rapport, cette machine est analogue aux *land' pressers* (presseurs de terre), fort employés en Angleterre au commencement de ce siècle, avant que les semis en lignes ne fussent connus.

Voici, pour terminer, quelques chiffres relatifs aux conditions de fonctionnement des systèmes actuels, d'après les essais de M. Ringelmann à Grignon :

	Rouleau plombeur à quatre segments.	Rouleau brise-mottes monté à flèche.
Longueur du rouleau....	2m,30.	2m,15.
Diamètre	0m,60.	0m,68.
Poids	900 kilogrammes.	1 200 kilogrammes.
Nombre de disques......	0.	21.
Traction moyenne......	132 kilogrammes.	141 kilogrammes.
Coefficient de roulement .	0,146.	0,117.

Semoirs mécaniques et distributeurs d'engrais. — Les semis s'effectuent de diverses manières, suivant les plantes que l'on cultive : *à la volée* quand on répand la semence à la surface du sol, *en lignes* quand on la place dans des cavités préalablement creusées dans la terre, et *en poquets* quand on la répand par petits tas à intervalles mesurés. Ces opérations s'exécutent à la main dans la petite culture, où les parcelles cultivées n'ont qu'une superficie restreinte; mais quand l'exploitation s'étend sur un nombre considérable d'hectares, ce mode de procédé est trop lent et trop coûteux, ce qui motive l'usage de machines particulières exécutant plus rapidement et avec une perte de semence moindre les opérations de l'ensemencement et de l'épandage des engrais.

Le semoir mécanique est de création moderne et son principe a
été indiqué en 1650 par l'Espagnol Locatello. Après lui, Giovanni
Calvallina en Italie; Jéthro Tull en 1730, de Valcourt et Dombasle
en France; Arbuthnoot, Garrett, Hornsby et Smyth en Angleterre,
étudièrent la question et firent pénétrer cette nouvelle machine

Fig. 95. — Semoir à brouette.

Fig. 96. — Semoir à bretelles.

dans la pratique de la grande culture, qui en a tiré un sérieux
avantage, par suite de l'économie de semence réalisée sur les
anciens procédés manuels réellement ruineux par le gaspillage
qu'ils entraînent.

On peut diviser les nombreux systèmes de semoirs actuels en

Fig. 97. — Semoir à petites graines, de Bajac.

trois catégories principales : 1° les semoirs à engrais, 2° ceux à
graines, 3° les semoirs mixtes; et chacune de ces catégories se
subdivise à son tour en plusieurs classes, suivant que les engrais
sont liquides, pulvérulents ou solides, que les graines sont semées
à la volée, en lignes ou en poquets, et que l'appareil mixte est
propre à telle ou telle opération. Nous suivrons cet ordre.

En principe, tous les semoirs se composent d'un véhicule portant un réservoir contenant les matières à épandre, d'un distributeur répandant ces matières, soit à la surface du sol, avec les semoirs à la volée, soit à l'intérieur même de la couche arable avec les semoirs en lignes; l'opération s'effectue ainsi beaucoup plus uniformément qu'à la main, d'où une économie très sensible des matières semées.

Distributeurs d'engrais. — Les engrais sont à l'état liquide, à l'état pulvérulent, ou bien encore ce sont des fumiers de ferme qu'il s'agit de distribuer.

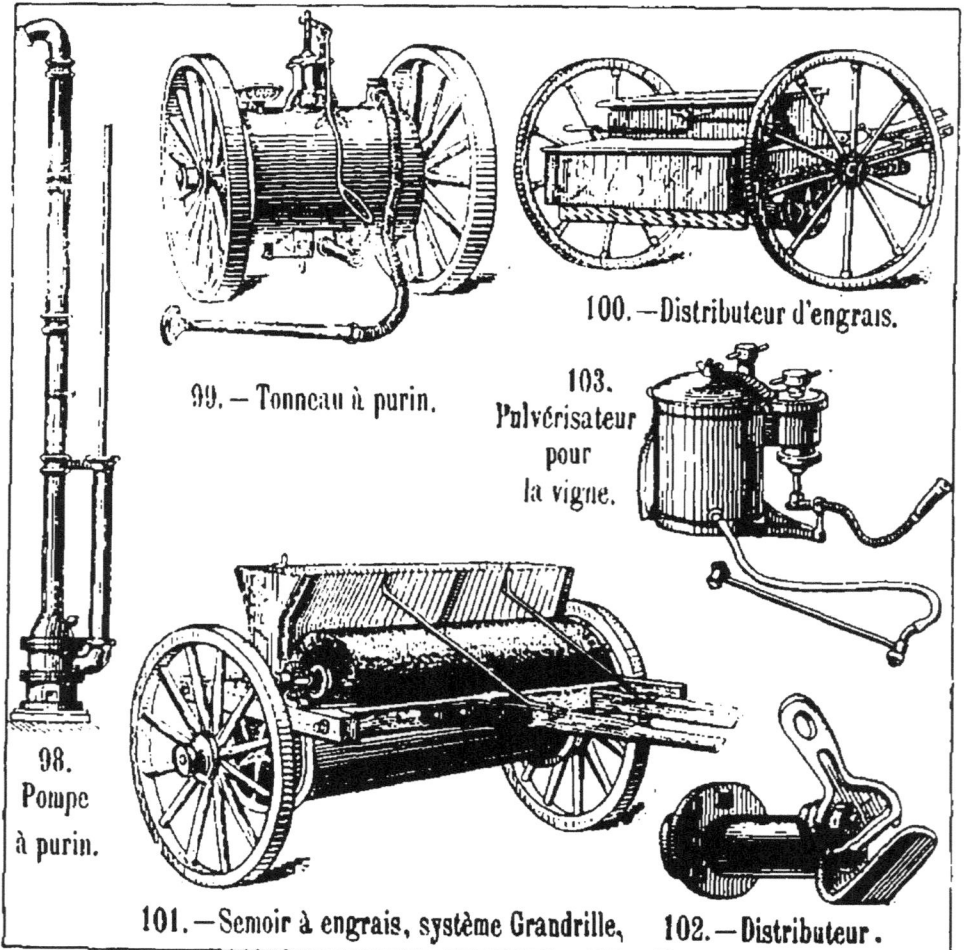

98.
Pompe
à purin.

99. — Tonneau à purin.

100. — Distributeur d'engrais.

103.
Pulvérisateur
pour
la vigne.

101. — Semoir à engrais, système Grandrille.

102. — Distributeur.

Fig. 98 à 103. — DISTRIBUTEURS D'ENGRAIS.

Ces distributeurs sont le plus souvent des cylindres à encoches sur lesquels l'adhérence des engrais humides est évitée à l'aide de râcloirs à ressort ou à contrepoids. La trémie est munie, dans le fond d'une grille, animée d'un mouvement de va-et-vient, ou bien d'un agitateur à palettes qui brasse l'engrais et en divise les parcelles agglomérées; ces palettes prennent une certaine quantité d'engrais pour la jeter dans la trémie de descente.

On règle le débit à l'aide d'une poignée qui peut faire varier les quantités par hectare. Un débrayage permet la mise en train pendant la marche et peut supprimer la moitié du mouvement pour finir un champ.

On emploie également comme distributeurs des chaînes sans fin qui prennent une certaine quantité d'engrais entre leurs maillons; des brosses cylindriques, qui, dans leur mouvement de rotation, projettent l'engrais dans la trémie de descente; etc.

L'épandage des engrais pulvérulents est analogue à celui de la semence, et les appareils diffèrent peu des semoirs à graines, qui sont d'ailleurs très fréquemment employés pour les engrais; on les y mélange dans la meilleure proportion, ou bien une trémie spéciale les amène au cylindre.

Le travail journalier que peut accomplir un distributeur d'engrais dépend de sa largeur. Avec $2^m,50$ de largeur, on peut facilement semer, en employant un seul cheval, de 3 à 4 hectares en dix heures. Dans les terres fortes ou détrempées par les pluies, on est quelquefois obligé de mettre deux chevaux, bien que le tirage ne soit pas très grand, vu le faible poids (200 kilogrammes environ) de l'appareil.

Pour faciliter le transport à destination des semoirs, on place les deux grandes roues sur un essieu transversal, au centre, et ces machines peuvent alors circuler dans des chemins ne mesurant que 1 mètre de largeur. On construit aussi des *semoirs à brouette* (*fig.* 95), basés sur les principes que nous avons énoncés; la roue porteuse en est motrice et un homme placé entre les mancherons suffit à produire la translation.

Il existe encore une machine pour la distribution des engrais solides, qui, d'origine américaine, a été introduite en France vers 1883. C'est un chariot pouvant contenir plus de 1 mètre cube de fumier; le fond de la caisse est constitué par un plancher sans

fin tendu entre deux rouleaux et animé d'un mouvement très lent
par une transmission venant des roues porteuses. A l'arrière, un
râteau à mouvement alternatif divise l'engrais et le projette sur le

Fig. 10J bis. — Houe avec distributeur d'engrais.

sol en nappe régulière. Le mérite de cette machine réside surtout
dans la rapidité et la régularité du travail qu'elle exécute.

Fig. 101. — Semoir à palettes, de Amiot et Bariat.

Semoirs à graines. — Les semoirs à graines comportent une *trémie*, grande caisse de bois où l'on emmagasine les grains à éparpiller, et un *distributeur*, placé au dessous. Le distributeur le

plus simple est celui de Ben Reid (*fig.* 105), où un arbre longitudinal porte une série de disques ondulés correspondant chacun à
un orifice percé dans le fond de la trémie; cet arbre est mis en
action par une des roues porteuses, et les disques sont animés
d'un mouvement de va-et-vient qui régularise l'écoulement de la
semence. Dans le semoir Brush, la trémie est ouverte latéralement
et des brosses tournantes remplacent les disques; ce système est
avantageux pour les petites graines, et il se recommande par sa
légèreté, mais les brosses présentent l'inconvénient d'une usure
rapide et la régularité du débit se trouve contrariée. Il est donc
préférable d'employer au lieu de ces brosses des palettes analogues à celles dont il est fait usage pour les semoirs à engrais, ainsi
qu'on va le voir plus loin.

On connaît encore un système de distribution, d'origine américaine, où un rouleau cannelé, tournant dans le fond de la trémie,
règle le débit en coulissant sur un arbre carré animé d'une
vitesse constante. La capacité d'alimentation augmente ou diminue suivant que le rouleau est plus ou moins engagé sous la trémie. Pour éviter l'intermittence dans la distribution, les cylindres
sont quelquefois cannelés, non en ligne droite, mais en zigzag ou
en hélice, ou affectent la forme d'un disque à nervures, disposé
horizontalement ou verticalement. Chaque nervure extrait de la
trémie une certaine quantité de graines. Le dispositif à vis d'Archimède (*fig.* 111) de M. de Lapparent, inspecteur général de
l'Agriculture, rentre dans cette catégorie et donne d'excellents
résultats.

Les distributeurs à cuiller sont également très appréciés. On
distingue ceux à cuillers radiales, ceux *à roues alvéolaires*
(*fig.* 112, *a*, *b*, *c*, *d*), et ceux à cuillers latérales. Dans le dernier
système, des disques en fonte, montés sur un arbre mis en mouvement par une transmission venant des roues porteuses, sont
munis de petites cuillers sur leurs deux faces. Ces cuillers reçoivent les grains venant de la trémie et les distribuent à deux tubes
voisins; on les fait doubles et de capacité différente pour permettre
l'emploi de l'appareil pour les graines fines et pour les céréales.
Suivant la nature des graines à semer, on retire entièrement l'arbre portant les disques, et on le retourne bout pour bout, de sorte
que le semoir peut être utilisé pour toutes les graines. Dans le

Coupe longitudinale

106 Distributeur d'un semoir.

107. Tube à rotules.

Coupe transversale.

108. - Tube télescopique.

105. - Semoir Ben Reid.

109. - Semoir à palettes.

110.

Transmission système Smyth.

111. Semoir de Lapparent (Mécanisme)

112

a *b* *c* *d*

113

114.

Palette de Smyth.

hg.

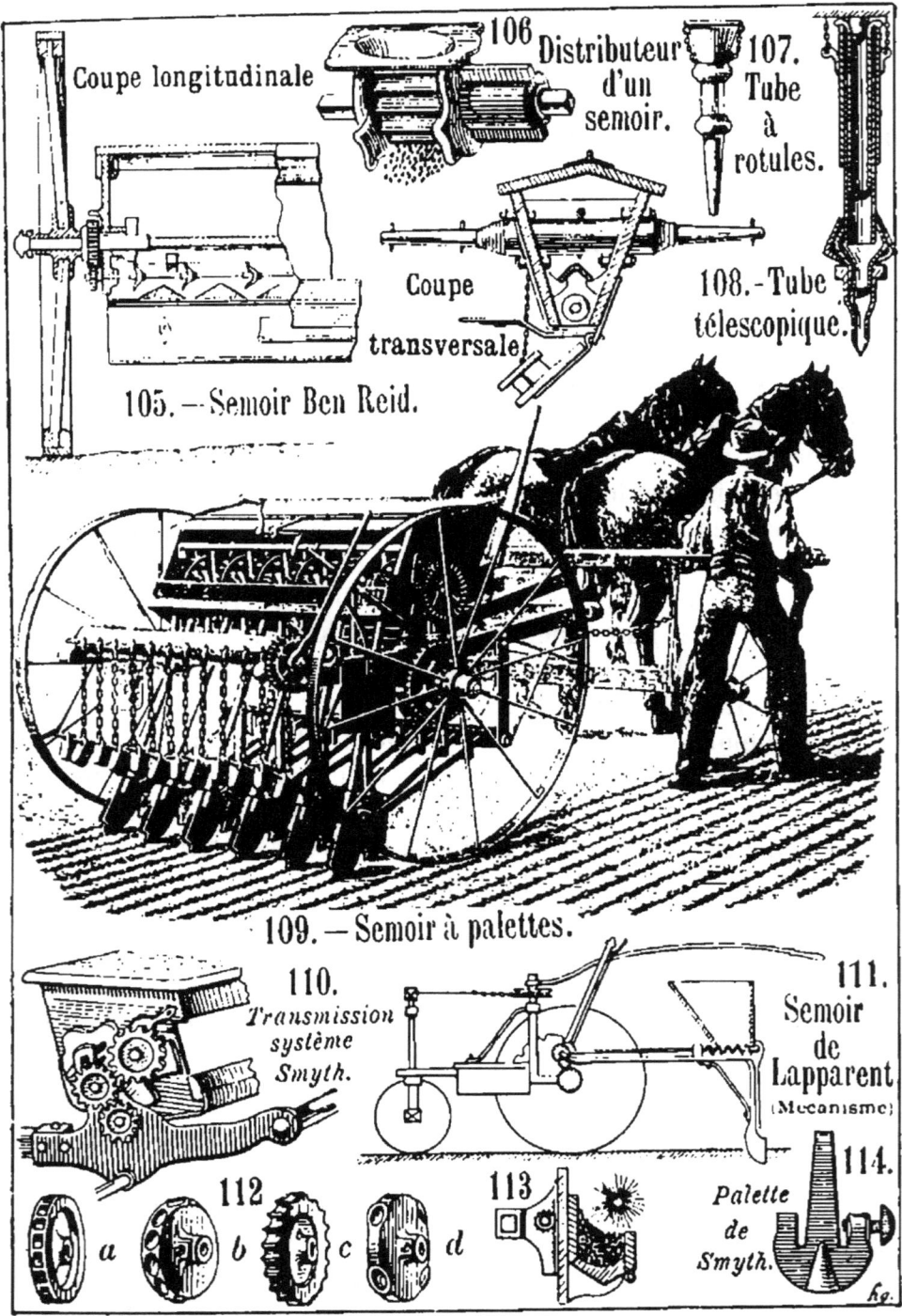

Fig. 105 à 114. — SEMOIRS A GRAINES.

modèle à roues alvéolaires, les disques en fonte, au lieu de cuillers, portent à leur circonférence, une série d'encoches de forme variable. Par suite du mouvement de rotation du disque, chaque alvéole remonte une certaine quantité de grain qu'elle déverse dans le tuyau de descente.

Ce genre de semoir est fort usité en Allemagne.

Parmi les modèles à cuillers latérales, dont nous venons d'expliquer le fonctionnement, citons le *Nonpareil* de Smyth (*fig.* 110), le semoir Gautereau et celui de Demoncy.

Tandis que les semoirs à la volée répandent simplement les semences sur le sol, où un coup de herse légère suffit pour ensuite les enfouir, les semoirs en lignes enterrent ces semences à plusieurs centimètres de profondeur. Ces appareils possèdent donc, en plus des organes distributeurs et de la trémie précédemment décrits, des conduits qui amènent la graine à des coutres chargés de la déposer dans le sol. Dans les anciens systèmes, les socs étaient solidaires et fixés à une barre transversale; mais on n'emploie plus guère maintenant que les pieds montés sur leviers indépendants. Les socs pouvant alors se relever pour le déterrage, il est indispensable que les conduits puissent varier de longueur sans cependant être obstrués, et on est arrivé à ce desideratum au moyen des *tubes télescopiques* de Smyth (*fig.* 108), des tubes à rotule de Woolnough et Zimmermann (*fig.* 107), et enfin des tubes en caoutchouc inventés en 1850 par Hornsby.

Dans les semoirs à palettes (*fig.* 104, 109), les socs sont coniques et présentent une partie concave à l'avant; ils sont montés à l'extrémité de tiges mobiles, dans le plan vertical, et articulés, à l'avant du semoir, sur des ressorts de caoutchouc, de telle façon qu'à la rencontre d'un obstacle, ils cèdent à la pression et se placent dans le prolongement de la tige, laquelle peut, de plus, se déplacer horizontalement et régler l'écartement ainsi que le nombre des lignes. Les socs sont reliés par des chaînes à un treuil actionné par une manivelle, ou à un arbre excentrique permettant de les relever tous ensemble à l'extrémité de chaque ligne. Un débrayage solidaire ou séparé de l'appareil de relevage donne à ce moment la faculté d'interrompre le fonctionnement du distributeur. Ces semoirs sont pourvus d'un compteur indiquant le chemin parcouru en une journée de travail et servant à la vérification.

Certains modèles possèdent trois roues, mais ceux ayant un avant-train sont préférables. Cet avant-train porte ordinairement une barre transversale, disposée horizontalement et munie de poignées servant de gouvernail; il est relié au bâti d'arrière par deux chaînes (pour limiter les oscillations) que l'on décroche alternativement pour les tournées. Celles-ci s'effectuent sur place, l'une des roues d'arrière servant de pivot, ce qui a l'inconvénient de creuser le sol en cet endroit. Pour pallier ce défaut, on a proposé d'employer une petite plaque tournante que l'on pose sous la roue au moment de la tournée.

Il est possible de transformer un semoir en lignes en semoir à la volée, en enlevant les pieds et en ajoutant une trémie de descente, ou bien en relevant les socs et en y apportant une palette maintenue par une vis de pression qui peut éparpiller les graines sur une certaine largeur.

L'ensemencement *en poquets* s'obtient au moyen de distributeurs particuliers, discontinus, à grandes cuillers, comme ceux qui servent pour les betteraves, ou à grandes alvéoles. Il peut s'opérer aussi avec des distributeurs ordinaires à hérisson (*fig.* 113) comportant une petite vanne fermant le tube au-dessus du sac, vanne qui est manœuvrée à intervalles déterminés par une came mise en mouvement par les roues porteuses. Cette vanne étant ouverte laisse tomber plusieurs graines à la même place.

Semoirs mixtes. — Ces semoirs, qui peuvent disséminer à la fois des semences et des engrais liquides ou pulvérulents, en lignes, à la volée ou en poquets, sont constitués par la réunion d'un semeur et d'un distributeur. Les socs qui déposent l'engrais sont sur la même ligne, en avant, et ont plus d'entrure que les socs à graines. Celles-ci sont donc déposées au-dessus de l'engrais, et s'en trouvent séparées par un peu de terre tombée dans l'intervalle des deux socs, disposition très favorable pour le semis ainsi que pour l'économie de la fumure. Ce genre d'appareils est forcément lourd, mais on peut rendre fixe l'un des deux distributeurs, de sorte que l'on a plusieurs machines réunies en une seule. La dépense première est ainsi moins forte, et on a l'avantage de pouvoir exécuter les différents semis avec une machine unique, dont les pièces sont interchangeables.

Il existe encore de nombreux autres systèmes de semoirs mécaniques, destinés à une culture déterminée. Tels sont les semoirs
et plantoirs à betteraves, les planteurs de tubercules, les semoirs
américains à coton et à maïs, etc., dont nous n'avons pas encore
parlé, mais que nous ne ferons que mentionner en passant, le
cadre de cet ouvrage nous obligeant à limiter nos descriptions.
Nous ne ferons une exception que pour les *planteurs de pommes de
terre* Aspinwall, le modèle d'Amiot et Bariat, et celui de Bajac.
La machine Aspinwall, portée par deux roues, est pourvue d'une
flèche et d'un siège
comme les faucheu-
ses; elle porte en
arrière une trémie
pyramidale destinée
à recevoir les tuber-
cules; ces derniers
sont pris par des
griffes ou pinces à
ressorts qui tournent
dans un plan vertical
à l'extrémité de bras;
les griffes élèvent les
tubercules de la trémie pour les déverser dans le fond du sillon,
qu'ouvre en avant un petit corps de buttoir; en arrière, deux ailes
de versoir sont chargées de refermer la raie.

Fig. 115. — Planteuse de pommes de terre de Bajac.

Dans le planteur à pommes de terre d'Amiot et Bariat, au-dessus de l'avant-train à gouvernail se trouve une bâche formant
magasin aux tubercules. De chaque côté un élévateur à griffes
extrait les semences de la trémie pour les déverser à un plan
incliné qui les conduit aux pinces à ressorts, montées comme celles
de la machine précitée.

Ces deux machines doivent d'autant mieux fonctionner que les
tubercules sont de dimensions uniformes, ce qu'il est d'ailleurs
facile d'obtenir avec des *trieurs spéciaux* en usage depuis longtemps en Allemagne.

La planteuse Bajac (*fig.* 115) plante à la fois deux rangées de
pommes de terre; une certaine provision de tubercules est chargée dans une caisse de forme spéciale, et la distribution se fait

automatiquement par deux cheminées de descente, au moyen
d'une vis intérieure double à pas contraires et d'une chaîne standard à godets. Au bas de chacun des tubes adducteurs est adapté
un soc qui ouvre le sillon et derrière la machine se trouvent deux
paires de rasettes qui recouvrent très bien le plant.

La planteuse automatique convient ordinairement pour pommes
de terre rondes, petites et moyennes. Elle fonctionne avec deux
chevaux.

On a pu voir fonctionner en 1893, au champ d'expériences de

Fig. 116. — Planteuse à deux rangs, de Bajac.

M. le professeur Aimé Girard, à la ferme de Joinville, une machine
à planter, très simple, inventée par un cultivateur de l'Oise; dans
cette machine un enfant assis sur un siège choisit les sements
étalés devant lui dans la trémie et les passe à un tambour distributeur; les tubercules sont plantés exactement à 60 centimètres
de distance sur la ligne; l'écartement des rangs est réglé par
l'écartement des roues. La machine est munie en avant d'un corps
de buttoir et en arrière de deux rasettes; conduite par un cheval
et un homme, elle peut planter un peu plus d'un hectare par
jour. On compte qu'une équipe de quatre ouvriers (en deux chan-
tiers) peut planter à la houe 40 ares par jour, le champ étant
rayonné d'avance.

IV. — LES MACHINES A RÉCOLTER.

Dans la petite culture, où la propriété est morcelée et où chaque parcelle ne mesure qu'une surface restreinte, les récoltes se font manuellement. Les foins sont abattus à la faux et retournés au râteau; les moissons sciées à la faucille, à la sape ou à la faux et les javelles relevées, liées et mises en meules à force de bras, les tubercules et racines arrachés un à un. Cette méthode de procéder devient impossible avec les vastes exploitations modernes, et c'est surtout pour les récoltes qu'il faut aller vite en besogne, en restreignant cependant, autant que possible, le nombre des ouvriers, dont le travail est si coûteux. La mécanique a trouvé là un nouveau débouché, et les machines créées pour remplacer les bras de l'homme donnent le moyen de faire la récolte juste au moment voulu, dans le temps le plus court, et dispensent ainsi l'agriculteur des soucis résultant du petit nombre d'aides dont il dispose et de la cherté de la main d'œuvre.

Nous examinerons donc successivement, dans ce chapitre, les machines propres à exécuter le fauchage des fourrages et des céréales, ainsi que les opérations accessoires : fanage, chargement des foins coupés, liaison des javelles, etc.

Nous avons dit que les récoltes se sont faites pendant des siècles à l'aide d'outils à main, tels que la faucille, déjà connue chez les Égyptiens, et de la faux, dont l'invention remonte au temps de Varron (216 av. J.-C.), outils qui demeurent encore employés de nos jours par les petits cultivateurs. Les premiers essais tentés pour exécuter mécaniquement le travail du faucheur ne remontent qu'à un siècle à peine; c'est en 1785 que ces tentatives eurent lieu, sans grand succès, d'ailleurs. L'honneur de la réalisation pratique du problème revient à Patrick Bell, de Carmyllie (Ecosse), en 1827, et celui des premières améliorations à Mac-Cormick, Garrett, Springue, Haüy et Mazier; mais ce n'est que vers l'année 1858 que ce genre de machines commença à se propager véritablement. On construisit d'abord des moissonneuses spécialement destinées à la récolte des céréales, puis on étudia des dis-

positifs particuliers pour les foins. Nous commencerons par ceux-
ci, qui sont d'ailleurs plus simples.

Faucheuses.— En principe, les faucheuses se composent de l'organe coupeur, de la transmission, des appareils de support et de
réglage. L'organe coupeur, dont le jeu remplace celui de la faux,
est une sorte de tondeuse, dont le fonctionnement rappelle en grand

Fig. 117. — Faucheuse Pierce.

celui des outils à mouvement alternatif employés pour tondre les
chevaux, et qui se compose de deux lames dentées, tranchantes
sur leurs bords et frottant l'une sur l'autre.

La *scie* des faucheuses mécaniques (*fig.* 117, 118) est donc formée d'un série de dents en acier, plates, triangulaires et affûtées
sur deux de leurs bords; ces dents sont ordinairement rivées sur
une tringle en acier ou enchâssées les unes dans les autres, par
emboîtement latéral, pour plus de solidité. La tringle porte à sa
partie inférieure une rainure servant au logement des rivets; une
de ses extrémités porte un *œil* ou bouton sur lequel vient s'articu-
ler la bielle de transmission qui doit lui communiquer un mouvement de va-et-vient. La scie ainsi ajustée glisse dans une rainure
pratiquée à l'avant d'une solide pièce d'acier appelée *porte-lame*,

laquelle est également garnie de dents, de forme complètement différente, maintenues par des boulons et désignées sous le nom de *doigts*. Ces doigts constituent la partie fixe de l'organe.

On faisait autrefois ces dents en fonte dure ou malléable ; aujourd'hui elles sont en acier dans les machines bien construites, ou encore en fer rechargé d'acier aux endroits où le frottement est plus énergique. La fente dans laquelle passe la scie est obtenue à la machine à fraiser. Le porte-lame est disposé en porte à faux et

Fig. 118. — Mécanisme de la faucheuse Pierce.

parallèlement à l'axe de l'essieu ; son extrémité située du côté de la commande est articulée au bâti par l'intermédiaire de tiges de fer lui permettant de décrire un angle de 90 ou de 180° dans le plan vertical, suivant le procédé de relevage adopté. Cette disposition a pour but de faciliter le transport de la machine au lieu de travail ; c'est à côté de cette articulation que l'on aperçoit le dispositif servant à régler la hauteur de coupe. L'autre extrémité du porte-lame est munie d'un sabot de fonte, garni en avant d'une roulette pouvant se relever à volonté, et en arrière, d'un versoir en bois pourvu d'un manche et dont l'effet est de rabattre le foin coupé de manière à le disposer en *andains*. Le travail s'effectue sur une bande parallèle à la ligne suivie par les chevaux et de largeur égale à la longueur de la scie.

On monte le plus souvent le bâti des faucheuses sur deux roues porteuses en fonte, mesurant 60 centimètres de diamètre environ, garnies, sur toute leur circonférence, de saillies antidérapantes. Dans le modèle de Howard, il n'y a qu'une seule roue motrice; la scie et le siège du conducteur forment contrepoids. Dans d'autres systèmes, le diamètre de la roue située du côté du porte-lame est légèrement augmenté, de façon à compenser l'effort de torsion auquel le bâti se trouve soumis, torsion résultant de ce fait que la traction ne se produit pas sur le centre de résistance de l'appareil.

Sauf dans certains spécimens d'origine canadienne, le bâti des faucheuses est construit en fer forgé, en fonte ou en acier; il supporte le mécanisme de transmission, le levier de réglage, le siège du conducteur, et la flèche ou les brancards, suivant que l'attelage est formé par des chevaux ou des bœufs. Le mouvement alternatif est communiqué à la scie par une bielle et un plateau-manivelle disposé sur un petit arbre qui reçoit un rapide mouvement de rotation des roues porteuses. Souvent celles-ci sont solidaires d'une couronne à denture intérieure actionnant, au moyen de deux pignons, un arbre intermédiaire en rapport avec le plateau-manivelle par un engrenage d'angle. Mais, comme cette couronne est sujette à se remplir d'herbes ou de terre par suite de son voisinage du sol, on préfère adopter, dans beaucoup de faucheuses, l'engrenage à lanterne, ou même on le supprime entièrement, et alors l'ensemble de la transmission est renfermé dans une boîte en fonte, le disque moteur est placé au centre de la machine, sur l'axe des roues, et le mouvement est transmis à l'axe du plateau-manivelle par quatre ou six roues dentées, dont deux d'angle. Ce dispositif donne plus de légèreté à la machine et diminue les chances d'engorgement; aussi le rencontre-t-on dans un grand nombre de modèles.

Telle est la disposition générale du mécanisme et le fonctionnement des faucheuses modernes. Les détails varient quelque peu avec les constructeurs, mais dans la nécessité où nous sommes de restreindre nos explications, nous ne nous appesantirons pas sur ce sujet, et, d'ailleurs, notre but sera atteint si, dans ce livre élémentaire, nous avons pu faire saisir au lecteur le mode d'action de chaque machine et sa supériorité sur les anciens procédés. Ceci dit en passant, nous en terminerons avec ce genre d'appareils en montrant quelle somme de travail ils peuvent exécuter.

La largeur coupée par une faucheuse attelée de deux chevaux varie entre 1^m,20 et 1^m,40, et le poids de la machine est de 200 à 400 kilogrammes, suivant qu'elle exige un ou deux chevaux. Avec un attelage double, la surface fauchée peut atteindre 5 hectares par jour. L'effort de tirage est cependant très variable ; de nombreux essais où des mesures précises ont été prises on peut déduire que le travail mécanique développé pour faucher 1 mètre carré est de 75 à 135 kilogrammètres. D'après les relevés dynamométriques de M. Ringelmann au concours régional agricole de Tulle en 1887, le rapport à la traction totale des efforts d'un attelage de deux chevaux est 30 pour 100 pour le roulement, 21 pour la marche du mécanisme à vide et 49 pour 100 pour la coupe. Ainsi donc les faucheuses à double attelage utilisent la moitié de l'effort produit pour la coupe, l'autre moitié étant absorbée par les diverses résistances passives. Dans les petits modèles à un seul cheval, le coefficient d'utilisation tombe à 33 pour 100, la plus grande partie de l'effort du moteur étant employée pour le roulement et la mise en marche du mécanisme. On peut donc conclure que les petites faucheuses sont des instruments peu recommandables, et que l'usage de ces machines agricoles est surtout avantageux pour les grandes exploitations, où elles remplacent de nombreux ouvriers.

Faneuses. — Les faneuses sont les auxiliaires naturels des faucheuses mécaniques, et leur rôle est analogue : elles exécutent automatiquement le travail qui exigerait les bras de beaucoup d'ouvriers. Elles présentent, en sus, l'avantage considérable d'une grande rapidité d'exécution, permettant de mettre la récolte à l'abri des intempéries et d'utiliser le moment le plus favorable pour le retournement du foin coupé.

En principe, les faneuses se composent d'une série de fourches, recevant d'une transmission venant de roues porteuses soit un mouvement circulaire continu, soit des mouvements alternatifs absolument semblables à ceux que l'ouvrier armé d'une fourche de bois doit exécuter. Nous décrirons rapidement la disposition du mécanisme et le fonctionnement de ces deux catégories d'appareils.

Il existe deux dispositifs de faneuse à mouvement circulaire continu. Dans le premier, dit *à simple action*, le mouvement s'effectue dans un seul sens ; dans le second, dit *à double action*, il peut se produire dans les deux sens. Quoi qu'il en soit, la machine comporte toujours un arbre horizontal monté sur un bâti muni de deux grandes roues porteuses. Cet arbre porte une série de bras, disposés comme les rayons d'une roue et terminés par des traverses sur lesquelles sont implantées des dents de fourche en acier ; ces dents sont indépendantes et articulées sur les bras ; une lame de ressort leur donne une certaine élasticité, de façon

Fig. 119. — Faneuse.

qu'à la rencontre d'un obstacle les dents cèdent sur leur support pour reprendre ensuite leur position primitive. Ces fourches peuvent être. également retournées et démontées pour faciliter le transport de la faneuse.

Le mouvement de rotation de l'arbre horizontal portant les fourches est obtenu à l'aide d'une transmission par engrenage prenant sur l'essieu des roues porteuses. Un embrayage automatique, commandé par le conducteur, permet de mettre le mécanisme en marche ou de l'arrêter.

Tandis que dans la marche ordinaire les croisillons tournent en sens inverse des roues porteuses et, soulevant le foin à une grande hauteur, le font passer par-dessus la machine et retomber en arrière, ce qui produit un fanage bien plus énergique, dans les *faneuses à double action* les fourches peuvent tourner en arrière, c'est-à-dire dans le même sens que les roues porteuses. Le fourrage est donc remué plus légèrement, et cette disposition est sur-

tout avantageuse pour les foins très mûrs dont on craint de faire
tomber les feuilles ou les fleurs. Dans les machines à simple action,
une toile métallique est ordinairement placée à l'avant pour éviter
qu'une partie du fourrage retourné vienne retomber sur le cheval ;
cette adjonction est inutile avec la marche en arrière.

La vitesse des fourches, à leur circonférence, et en marche normale, est de 5 à 7 mètres par seconde avec les faneuses à mouvement en avant ; elle s'abaisse à 3 ou 4 mètres lorsque la marche
est en arrière. Le rapport des engrenages de transmission et leur
disposition se calcule suivant la nature et la vitesse de l'attelage,
le diamètre des roues porteuses, la vitesse circonférentielle, etc.
Les mécanismes de changement de marche et de débrayage varient suivant les constructeurs ; cependant nous pouvons citer
parmi les meilleurs systèmes ceux de Howard, de Nicholson et de
Ransomes, type *Ipswich*.

Les faneuses à marche en avant tendent à disparaître, et les
modèles actuels se font surtout avec marche en arrière. Certains
possèdent même un double mouvement en arrière : l'un assez lent
et qui ne fait que retourner l'herbe sur place ; l'autre plus rapide,
qui rejette le fourrage au loin en l'éparpillant. Les engrenages
de transmission sont enfermés dans une boite en tôle ou en fonte,
pour empêcher l'arrêt par l'accumulation des brindilles entre les
dents. Les roues sont ordinairement d'assez grand diamètre (1^m,20),
et le siège du conducteur est entre les brancards. Cependant, dans
la faneuse Ransomes, citée plus haut, ce siège est fixé sur l'essieu, en dehors des roues, disposition qui évite les accidents en
cas de chute, et, en outre, ne fait pas supporter au cheval le poids
du conducteur.

La hauteur des fourches au-dessus du sol est déterminée à l'aide
de régulateurs à excentrique ou à crémaillère permettant de relever ou de descendre à volonté l'arbre portant les bras et les
fourches.

Il nous reste à dire quelques mots des faneuses à mouvements
alternatifs, de Bernet-Charoy (*fig.* 120), et dont la largeur de travail est la même que les précédentes à mouvement circulaire continu. Ces machines comportent six ou huit fourches articulées,
recevant, par l'intermédiaire de bielles, un mouvement d'avant en
arrière et de bas en haut ; le fourrage se trouve soulevé et divisé

comme le feraient des fourches maniées par des ouvriers vigou-
reux; leur mouvement est d'ailleurs le même. L'avantage de la
machine réside surtout en ce fait qu'accompagnée par un conducteur et traînée par un cheval elle fait autant d'ouvrage que vingt
ouvrières ordinaires.

Une faneuse mécanique peut suffire au travail d'une faucheuse;
mais, si l'on a deux faucheuses en service, il est bon d'avoir trois

Fig. 120. — Faneuse à mouvements alternatifs et à fourches articulées.

faneuses, surtout dans les pays où le temps n'est pas, en général,
favorable à la récolte des fourrages (Ringelmann).

Râteaux à cheval. — Nous avons expliqué, dans notre premier
chapitre, les usages du râteau pour la fenaison. Dans les grandes
entreprises agricoles, où les fourrages sont coupés à la faucheuse,
puis fanés rapidement à l'aide des faneuses mécaniques qui viennent d'être décrites, le râteau serait insuffisant pour ramasser
vivement la récolte et la mettre à l'abri. Il a donc fallu combiner
des modèles particuliers pour obtenir le résultat désiré. Les
râteaux à cheval (*fig.* 121), d'abord fabriqués en bois et garnis de
dents droites en fer ou en bois, sont aujourd'hui entièrement métalliques, et comportent de vingt à trente dents en acier, recourbées
en demi-cercle et indépendantes les unes des autres, de façon à

pouvoir suivre toutes les inégalités du sol. Un arbre commun, quelquefois même l'essieu porteur, sert de support et de point d'articulation à toutes ces dents qui ont pour effet, en passant très
près du sol, de relever le fourrage et de l'emmagasiner dans leur
courbure. Quand une certaine quantité a ainsi été accumulée, on
fait basculer les dents suivant une ligne verticale et le foin se
trouve disposé en *andains*, puis ces dents, abandonnées à elles-
mêmes, retombent sur le sol et se chargent à nouveau. L'ensemble
du râteau est monté sur un bâti porté par deux roues en fer à

Fig. 121. — Râteau à cheval.

jante lisse, d'un diamètre aussi grand que possible pour diminuer
le tirage.

Les râteaux d'origine américaine ont leurs dents en fil d'acier
ordinaire; les dents formées de ce métal sont plus légères, plus
solides, plus durables que les dents en fer. Les pointes des dents
doivent être tangentes au sol, sans avoir de tendance à *piquer*,
de façon à pouvoir ramasser le foin sans risquer de pénétrer dans
le sol. La rotation des dents autour de leur point de fixation et le
déchargement du râteau s'obtiennent tantôt à la main, à l'aide d'un
levier ou d'une pédale à portée du conducteur, tantôt automatiquement, à l'aide d'un encliquetage ou d'un frein. Dans le premier
système, une roue à rochet est disposée soit à chaque roue porteuse, soit au centre de l'essieu. En laissant tomber le cliquet
sur la roue à rochet, l'ensemble des dents devient solidaire de
l'essieu et suit son mouvement de rotation. Le fourrage amassé
tombe, le râteau est débourré; alors le cliquet abandonne le rochet
et les dents retombent dans leur position primitive par leur propre

poids. L'embrayage est produit à la volonté du conducteur par le jeu d'un levier ou, mieux, d'une pédale.

Ce système est excellent, surtout quand le choc au moment de l'embrayage est amorti par des ressorts à boudin. Il est préférable à l'embrayage à frein, dans lequel une lame d'acier vient serrer fortement un tourteau fixé à chaque roue porteuse. Quand le serrage est suffisant, les roues entraînent le bâti et font basculer les dents; mais ce serrage doit être souvent exagéré, quand le temps est humide ou que des brins d'herbe ont été écrasés par le collier du frein, et il en résulte une fatigue rapide du mécanisme.

La hauteur des dents au-dessus du sol est réglable en mettant les brancards à la hauteur voulue. Ils peuvent prendre, en effet, différentes positions par rapport au bâti, et sont maintenus en place par des boulons.

Le râteau demande un cheval et un conducteur; il peut, suivant sa largeur, râteler de 4 à 5 hectares par journée de dix heures, le cheval marchant au pas allongé, et le conducteur demeurant assis sur le siège surmontant le bâti. Un râteau suffit amplement au service d'une faucheuse mécanique; pour trois faucheuses, deux râteaux à cheval sont suffisants.

Ramasseurs et chargeurs de foin. — Ces machines, qui n'ont pas encore pénétré dans l'usage courant, en France du moins, n'en présentent pas moins de sérieux avantages, et les fermiers américains les apprécient à leur valeur; c'est pourquoi nous leur consacrerons un court examen.

Les ramasseurs de foin sont d'une grande simplicité : ils sont formés de trois claies en bois de 1 mètre de haut, disposées verticalement. La première, mesurant 3 mètres de longueur, est pourvue, à sa partie inférieure, de grandes dents semblables à des dents de râteau; les deux autres, de 1 mètre de large seulement, sont placées comme deux ailes, en équerre avec la première, de façon à constituer une espèce de cage. Un cheval est attelé à chaque aile, et l'ensemble est promené sur la prairie. Lorsque le foin accumulé remplit le ramasseur, les chevaux retournent, et la claie est disposée pour charger en sens contraire. Dans le système de M. Couteau, le fond du chariot est formé par une série de chaines qu'un treuil fixé à l'arrière maintient tendues; deux ouvriers le chargent de foin avec des fourches. Lorsqu'il est plein, il contient un *meulon* entier, soit cent bottes; on le conduit à l'endroit où le meulon doit séjourner, puis les chaînes sont détendues et le treuil enlevé, alors le foin est posé à terre et le chariot est prêt à accomplir un nouveau voyage une fois les chaînes et le treuil remis en place. Deux hommes avec un cheval attelé à ce chariot à deux roues peuvent faire le travail de huit ouvriers.

Dans les chargeurs de foin, qui sont également construits et employés aux États-Unis, un bâti à deux roues est attaché à l'arrière d'une charrette qui marche au-dessus de l'andain; les roues de ce bâti commandent un tambour sur lequel sont implantées des fourches ou dents qui relèvent le foin et le laissent tomber sur une sorte de toile sans fin, inclinée et également mise en mouvement. Cette toile se compose en réalité de chaînes réunies par des lattes transversales, armées de dents de fourche, et elle peut élever le foin jusqu'à 5 mètres de hauteur; un mécanisme de débrayage commande ce mécanisme, qui exige la présence de deux hommes sur la charrette *pour tasser le foin*, en plus du conducteur de l'attelage.

Moissonneuses. — Les moissonneuses, réservées, comme leur nom l'indique, à la récolte des céréales, ont précédé les faucheuses, qui présentent avec elles certains points d'analogie. Ainsi, l'organe tranchant, la scie avec ses doigts, est sensiblement le même dans les deux machines, et l'assemblage des pièces est identique. Seulement, tandis que pour faucher l'herbe, qui n'offre qu'une résistance minime, il faut donner à la scie une grande vitesse pour éviter les engorgements, au contraire, pour les moissonneuses, qui ont à couper des chaumes durs et résistants, cette vitesse doit être plus réduite. Le mécanisme de transmission est le même que dans la faucheuse et s'opère par engrenages, bielle et plateau-manivelle. Celui-ci fait ordinairement, dans les moissonneuses, de quatre à sept tours par mètre parcouru par les chevaux. La course de la scie est de 10 à 16 centimètres, et sa vitesse moyenne par seconde de 1^m,60. Le diamètre adopté pour les roues varie entre 70 centimètres et 1 mètre; on peut ainsi calculer d'après ce diamètre et la rapidité de l'attelage la grandeur des engrenages de transmission.

Fig. 122. — Moissonneuse Pierce.

Fig. 123. — Moissonneuse-lieuse, système Mac-Cormick.

Fig 122, 123. — MACHINES A RÉCOLTER.

On connaît actuellement plusieurs types principaux de machines à moissonner, différant par la manière dont le travail se trouve accompli ; nous examinerons ici les *moissonneuses à râteau à main*, les *moissonneuses à râteaux automatiques* (*fig.* 122), les *machines combinées* et les *moissonneuses-lieuses*.

Les premières ne sont pas autre chose que des faucheuses, spécialement construites pour l'abatage des blés ou seigles, et auxquelles on a simplement ajouté quelques organes complémentaires. Le plus souvent, on dispose en arrière du porte-lame, au moyen de charnières, un tablier en bois, ou mieux une claire-voie mobile, de forme rectangulaire, pouvant s'élever ou s'abaisser à volonté. L'ouvrier javeleur, assis sur un second siège placé à droite de celui du conducteur, peut faire basculer cette claire-voie en appuyant le pied sur un étrier ; il est armé d'un râteau à manche oblique à l'aide duquel il pousse les tiges de céréales contre la scie ; celles-ci une fois coupées tombent sur la claire-voie. Quand la javelle est assez grosse, le javeleur fait basculer le tablier et fait tomber les épis sur le sol. Bien que ce genre de machines exige un nombreux personnel : un conducteur, un javeleur, trois ou quatre ramasseurs, on peut cependant en conseiller l'usage dans les grandes exploitations ayant des moissonneuses à grand travail, car elles fonctionnent plus facilement que les autres dans les champs plantés d'arbres, et elles peuvent être très utiles dans les cas pressants ou lorsque la moissonneuse est en réparation. Ces machines, dites *appareil à moissonner à la main*, peuvent abattre 4 hectares de blé par journée de dix heures, avec six hommes pour achever leur travail dans une forte récolte. Les modèles les plus appréciés sont ceux de Hornsby, de Samuelson et de Picksley (la *Standard*).

La vraie moissonneuse à grand travail, faisant les javelles sans aucun secours des bras de l'homme, est ordinairement montée sur une roue unique, à la fois porteuse et motrice, à jante très large et garnie de nervures en relief, pour assurer l'adhérence ; elle possède, en arrière du porte-lame, un large tablier en bois plein dont le contour forme un quart de cercle dont les rayons sont perpendiculaires, l'un formé par la scie, l'autre par lequel débouche la javelle, parallèle à la ligne de tirage. Au-dessus de ce tablier, et animés d'un mouvement circulaire dans un plan

oblique, se meuvent quatre ou cinq râteaux, formés d'une planche
de 15 à 20 centimètres de largeur, de la longueur de la scie, et
munis de dents en bois. Les planches sont soutenues par un bras
oblique relié à un arbre vertical ou faiblement incliné. L'angle de
la planche avec le bras peut être modifié de façon à régler le
râteau avec le tablier, celui-ci étant élevé ou abaissé.

Ces râteaux, désignés sous le nom de *rabatteurs*, doivent passer
à une certaine distance au-dessus du tablier, de façon à ne pas
entraîner dans leur course les céréales coupées qui s'y trouvent
rassemblées. Leur but est seulement d'appuyer les tiges contre la
scie. Les *râteaux javeleurs*, à leur tour, en frôlant la surface du
tablier, réunissent les épis et poussent la javelle sur le sol, en
dehors du chemin de la scie, lorsqu'il y a une quantité suffisante
de blé pour faire une botte. La piste se trouve donc libre pour le
passage de l'attelage au tour suivant.

Les premiers modèles de moissonneuses construits par Osborne,
Hornsby et Samuelson comprenaient quatre râteaux, solidaires
deux à deux, et dont l'arbre était légèrement incliné vers la scie.
Ces râteaux, qui s'élevaient et s'abaissaient, étaient guidés par
des galets roulant sur une couronne présentant une courbure hé-
licoïdale, et cette courbure était réglée avec des écrous suivant
la hauteur du tablier. Les deux râteaux faisant fonction de rabatteurs étaient dépourvus de dents, tandis que les deux javeleurs
en étaient munis. Dans les moissonneuses modernes, on préfère
rendre un seul râteau javeleur, à la volonté du conducteur, et le
mécanisme est tout autrement disposé. Les râteaux sont au
nombre de quatre ou cinq, tous dentés, et chaque bras est articulé par charnières sur l'arbre commun; un galet fixé au bras
roule sur un chemin circulaire gauche, en fonte. Ce chemin se
dédouble dans la partie voisine de la scie, et l'on peut obliger les
galets à rouler soit sur la courbe supérieure, soit sur la courbe
intérieure. Dans le premier cas, le bras se relève quand il passe
au-dessus de la scie, et le râteau est rabatteur; dans le second
cas, le râteau frôle le tablier, et il est javeleur. Des cames, fixées
sur un engrenage recevant son mouvement de l'arbre des râteaux,
déterminent la bifurcation que doit suivre le galet fixé au bras du
javeleur. En changeant cet engrenage, on a un javeleur sur deux,
trois ou quatre râteaux faisant office de rabatteurs. Enfin, au lieu

de laisser la javelle se former automatiquement, le conducteur peut la régler en agissant sur une pédale qui laisse libre, au moment voulu, l'entrée de la courbe. Mais cette complication paraît bien inutile, car les récoltes ne varient presque pas d'intensité dans un même champ.

Les rabatteurs de certaines moissonneuses américaines sont constitués par une espèce de dévidoir à axe horizontal placé au-dessus de la scie. Il n'y a qu'un seul javeleur, fonctionnant automatiquement le moment venu.

Dans les machines à râteaux indépendants, le siège du conducteur est placé à côté de la roue et fait équilibre à la scie et au tablier. Le chemin de roulement des galets s'élève alors du côté du siège, de manière à relever les râteaux au moment de ce passage. De sa place, le conducteur peut embrayer le mouvement de la scie, régler la hauteur de coupe à l'aide d'un levier à secteur denté, commander le javelage, enfin diriger son attelage, qui peut être composé d'un ou plusieurs chevaux ou bœufs.

Pour le transport, on rassemble verticalement les râteaux et on relève le tablier. La roulette, qui était fixée au sabot séparateur, vient alors se mettre sous le tablier et le soutenir. La moissonneuse peut alors passer par des chemins de 1^m,20 de largeur seulement.

On donne le nom de *machines combinées* à des modèles pouvant exécuter deux opérations distinctes, successivement, comme le fauchage des foins et la moisson ; mais il faut reconnaître qu'elles n'exécutent pas ces travaux aussi bien que les faucheuses et les moissonneuses spéciales pour chaque opération. Les machines combinées sont montées sur deux roues et munies d'un siège que l'on change de place suivant le travail à effectuer. Il est nécessaire, pour chaque application, de démonter certaines pièces de la transmission, de manière à régler la vitesse de la scie. La barre de scie doit même être changée, quand la machine est montée en moissonneuse, pour être remplacée par le tablier relié au bâti par des crochets. En dehors de la roue et du côté de la scie, se fixe un petit bâti portant les râteaux automatiques, qui reçoivent leur mouvement de l'axe des roues porteuses à l'aide d'une chaîne Galle.

Le modèle de machine combinée, la *Junior*, de Walter Wood,

est monté sur roue unique; suivant l'application à réaliser, le train change; ainsi, en faucheuse, la roulette du tablier vient se placer à côté du siège et équilibrer le bâti. Dans d'autres systèmes, la scie conserve sa position, soit en avant soit en arrière des roues; cependant on trouve deux plateaux-manivelles dans l'*Indispensable*, de Hornsby, et tandis qu'en faucheuse la scie se trouve en avant des roues, en moissonneuse elle se trouve reportée en arrière.

On construit encore, en Amérique, des moissonneuses qui empilent la récolte dans un chariot suivant sur le côté la machine. Le tablier est remplacé par une toile sans fin en mouvement, les rabatteurs ont leur axe horizontal, en forme de dévidoir, et la machine, dont le poids est de 1 500 kilogrammes, est poussée par quatre chevaux et dirigée par un homme placé au gouvernail. L'appareil entier, y compris le chariot et les attelages, occupe 9 mètres de large sur 8 mètres de long et récolte de 20 à 25 hectares par jour. Cette machine, due au constructeur Case, figurait à l'Exposition de 1878, auprès d'une moissonneuse à vapeur d'Aveling et Porter, de construction analogue, poussée par une locomotive routière.

Lorsque la paille est sans valeur dans un pays, cas assez rare, le modèle de moissonneuse-batteuse d'Hornsby peut trouver son application. Dans ce système, les épis sont pris dans un peigne dont la hauteur peut être réglée, et au-dessus duquel tourne un batteur qui bat l'épi et emmagasine les grains dans une caisse placée en arrière. Au besoin, si l'on voulait conserver la paille, on pourrait faire suivre cette machine par une faucheuse-moissonneuse ordinaire.

On connait encore des moissonneuses spécialement établies pour la récolte du maïs, et qui, très en faveur aux États-Unis, pourraient également être utilisées dans notre pays par les cultivateurs de cette plante. Ces machines sont très simples, ne se composant, en principe que d'un bâti, en bois ou en fer, portant à droite et à gauche une feuille de tôle d'acier montée à charnières, garnie en avant d'une lame rectiligne bien affûtée, la direction du tranchant de la lame légèrement inclinée, ordinairement d'avant en arrière, sur la traction, et de dedans en dehors. A 80 centimètres au-dessus du bâti, se trouve une traverse recevant les épis

coupés. De temps à autre on arrête la moissonneuse et les bottes
sont disposées sur le sol. Pour le transport, les deux plaques sont
relevées verticalement de chaque côté du bâti. Suivant les systèmes, la machine est montée sur deux longrines formant traîneau,
ou elle est munie d'une, de trois ou quatre roues. Avec un seul
cheval et trois hommes, y compris le conducteur, ces moissonneuses peuvent couper 3 hectares de maïs par jour.

En ce qui concerne le travail que peuvent exécuter les moissonneuses à grand travail, on évalue à 75 kilogrammètres minimum, 113 maximum, la force à dépenser pour couper 1 mètre
carré de surface, avec des machines pesant 440 et 720 kilogrammes et prenant 1^m,50 de longueur de coupe. Avec une moissonneuse à un cheval, on peut abattre 2 hectares 1/2 à 3 hectares par jour, et de 3 à 6 hectares dans le même temps, en une
ou deux attelées, avec une moissonneuse à deux chevaux.

Il nous reste encore à parler des machines opérant non seulement les deux phases de la moisson — fauchage et confection de
la javelle — mais liant la gerbe. On a commencé par faire des
lieuses indépendantes, puis des *moissonneuses-lieuses*, qui sont
encore des mécanismes très compliqués et, par suite, sujets à se
déranger, d'où des arrêts et des réparations fréquentes.

La lieuse indépendante suit la moissonneuse qui a déposé les
javelles sur le sol ; elle ramasse ces javelles par le moyen de deux
cylindres pourvus de dents d'inégale longueur tournant en sens
inverse l'un de l'autre. Quand une quantité déterminée de javelles
sont ainsi remontées, un encliquetage fait descendre le bras recourbé du lieur qui opère la ligature de la ficelle. La gerbe une
fois liée est rejetée par un ressort sur une planche inclinée d'où
elle tombe de côté sur le sol, de façon à laisser la place libre pour
le passage de la machine au tour suivant. Le cheval est attelé sur
le côté, pour ne pas marcher sur les tiges. Tel est notamment le
système Pécard, qui lie autant de gerbes que la moissonneuse suivie en produit.

Les moissonneuses-lieuses (*fig.* 123), dont il existe plusieurs
modèles, ne diffèrent entre elles que par l'appareil lieur, la nature
du lien et la forme du nœud, questions secondaires mais qui ont
aussi leur importance. Cependant, dans le système intermédiaire
de Buckeye, c'est un ouvrier qui lie les gerbes à la main avec des

liens en ficelle préparés d'avance, et le seul organe supplémentaire consiste en un élévateur à toile sans fin amenant les tiges à réunir en javelles et à lier sur une tablette devant laquelle se tient l'ouvrier.

Il était tout indiqué de remplacer cet ouvrier par un mécanisme automatique actionné par la machine elle-même, et on y parvenu, comme le démontrent les appareils de Buckeye et de Pierce, de la maison Herlicq. En général, les moissonneuses-lieuses sont montées sur roue unique, à la fois porteuse et motrice; le siège du conducteur est en arrière, dans l'axe de la flèche, et celui-ci a sous la main tous les appareils de réglage et d'embrayage. Les gerbes sont rabattues sur un tablier rectangulaire par des râteaux montés horizontalement comme un dévidoir. Ce tablier est constitué par une toile sans fin horizontale qui amène les épis à côté de la roue motrice : de là, un élévateur, également à toile sans fin, les remonte au-dessus de la roue et les rejette sur un plan incliné au-dessus duquel se trouve l'appareil de liage, dont le fonctionnement rappelle celui d'une machine à coudre. Les javelles, serrées entre des bras courbes, s'accumulent jusqu'à ce que la gerbe ait acquis son poids normal; alors une aiguille, enfilée d'une ficelle de sparte de 2 à 3 millimètres de diamètre, se met en mouvement. Elle entoure d'abord la gerbe avec le fil, puis s'engage dans un mécanisme qui opère le nœud de retenue. Arrivé au bout de sa course, le lien est coupé et la gerbe liée est rejetée sur le sol. Le fonctionnement des organes exécutant ces diverses opérations successives est automatique, et commandé par le conducteur. Pour éviter l'égrenage des épis quand la récolte est très mûre, un berceau en claire-voie reçoit les bottes liées, où elles s'emmagasinent. Quand il y en a un certain nombre, le conducteur, en pressant sur une pédale placée sous le siège, ouvre ce berceau, et les bottes sont déposées doucement sur le sol. Elles se trouvent ainsi réunies et la mise en moyettes est rendue plus rapide, ce qui permet d'économiser du personnel. Dans le modèle de Buckeye, le berceau est en fils de fer; il est en bois dans celui de Howard, et les planches qui le composent s'inclinent pour rejeter les gerbes, qui tombent ainsi sur leur pied.

Le poids moyen des moissonneuses-lieuses est de 700 kilo-

grammes; la traction totale, par mètre de longueur de coupe, varie
entre 110 et 130 kilogrammètres; le travail mécanique dépensé
par mètre carré de récolte coupée et liée est de 115 kilogrammètres, et de 46 kilogrammètres pour la ligature d'une javelle. La
largeur de coupe étant de 1ᵐ,50, ces machines peuvent couper
et lier de 3 à 5 hectares par jour, avec une ou deux attelées.

Les moissonneuses-lieuses sont certainement les instruments
agricoles les plus compliqués, et elles exigent souvent le secours
du mécanicien. Elles peuvent rendre les plus grands services dans
les grandes exploitations malgré ce léger inconvénient, et nous
devions en expliquer ici, quoique d'une manière succincte, le fonctionnement.

Nous terminerons par l'étude des machines propres à récolter
les racines et les tubercules.

Arracheurs de pommes de terre. — La récolte des tubercules
et des racines pourrait se faire rapidement avec des charrues ou

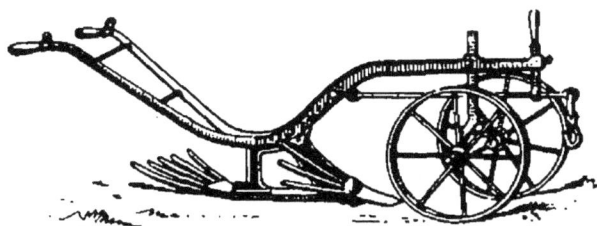

Fig. 124. — Arracheur de pommes de terre.

des buttoirs, mais les constructeurs ont établi des machines spéciales pour ce travail. Dans les systèmes les plus connus, l'organe
arracheur se compose de deux séries de bandes de fer plat formant des cônes à claire-voie, montées sur le même age que le
buttoir. Une bande se termine par un soc à bout carré, tandis que
l'autre est rattachée au talon du sep. La terre se trouve émiettée
au passage de l'instrument et les tubercules retombent à droite et
à gauche des cônes. Dans le modèle Morton et Coleman, un disque
armé de dents de fourche tourne dans un plan vertical perpendiculaire à la direction de la marche. Ce disque, actionné par une
transmission à engrenages venant des roues porteuses, fait péné-

trer les dents à une certaine profondeur dans le sol, et celles-ci arrachent les pommes de terre, qui sont arrêtées par un peigne latéral. En avant des fourches passe une sorte de large soc horizontal.

Le mouvement du disque est parallèle à celui des roues dans l'arracheur Powel et Whitaker; cette machine, pourvue d'un siège et d'un levier de débrayage et de déterrage, peut arracher jusqu'à 2 hectares par jour, suivant l'écartement de la plantation. L'arracheur Bajac, de construction récente, rappelle l'ancien modèle de Speer et les systèmes américains. Il comporte une grille, divisée en trois parties, et recevant des secousses continuelles par le roulement de cames suivant le fond du sillon; ces secousses ont pour but de détacher la terre des tubercules et de ranger ceux-ci de chaque côté du rayage.

Arracheurs de betteraves, etc — Ces instruments se composent ordinairement de deux seps, reliés à un age, semblable à celui

Fig. 125. — Arracheur de betteraves.

des charrues, par des étançons. En passant sous les betteraves, ces seps les soulèvent sans cependant les sortir de terre; on termine l'arrachage à la main. Par ce procédé, on n'endommage pas de racines, tandis qu'à la main 5 pour 100 en poids de la récolte se trouve détériorés. Certains modèles possèdent un avant-train et un gouvernail.

Parmi les systèmes d'arracheurs les plus appréciés, citons ceux construits par la maison Bajac, par Amiot et Bariat, et par Hermann Laas et C^{lo}, qui peuvent arracher soit un seul rang, soit deux ou trois rangs de betteraves à la fois, et sont munis d'un avant-train analogue à celui d'une charrue. Ces machines ont l'inconvénient d'exiger un effort de traction considérable ; un arracheur à un rang doit être attelé de deux chevaux, et la récolte

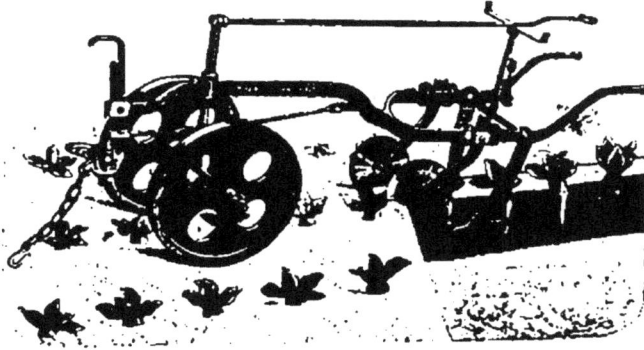

Fig. 126. — Arracheur de betteraves à deux rangs, de Bajac.

peut atteindre de 70 à 90 ares par jour suivant la résistance du sol. L'arrachage d'un champ d'un hectare de surface nécessite donc quarante heures de travail d'animaux, et vingt-six heures de travail d'ouvrier ; il faudrait cent vingt heures en moyenne pour faire le même travail à la bêche ou à la fourche ; ce chiffre démontre l'économie de main-d'œuvre que les arracheurs mécaniques permettent de réaliser.

V. — APPROPRIATION DES RÉCOLTES.

Nous venons de voir par quels procédés mécaniques perfectionnés les récoltes se font aujourd'hui dans les grandes exploitations agricoles; il nous reste à examiner, en suivant toujours l'ordre adopté, les méthodes rapides et économiques également en vigueur dans ces mêmes grandes fermes, pour rendre le produit de la récolte *marchand*, c'est-à-dire susceptible de pouvoir être livré, transporté et vendu.

Les Fourrages.

En ce qui concerne les fourrages, il faut les réunir en bottes, après le séchage effectué; puis, pour réduire leur volume, les comprimer en balles rendant le transport et la manutention plus faciles. Les céréales, fauchées, enjavelées et liées à la machine, doivent, de leur côté, être soumises à une série d'opérations ayant pour but de séparer le grain d'avec la paille et de nettoyer ce grain, qui se trouve mélangé avec des débris de toute nature : brins de paille, autons, petites pierres et poussières de toute provenance, germes végétaux, œufs d'insectes nuisibles, etc. Comme nous l'avons dit dans notre premier chapitre, ces opérations s'exécutaient autrefois à la main, pendant les journées d'hiver, avec un outillage rudimentaire que l'on retrouve encore chez certains petits ménagers. Mais maintenant qu'il faut produire vite et obtenir un résultat parfait, on fait usage d'appareils perfectionnés remplaçant le fléau, le van, le crible. Ces appareils sont la *batteuse mécanique*, le *tarare* et le *trieur*.

Mais avant de donner la description de ces machines, deux mots sur les travaux nécessités par l'appropriation des fourrages nous paraissent nécessaires.

Botteleuse mécanique. — Le bottelage à la main, avec des liens en paille, présente l'inconvénient d'une grande lenteur et d'un prix

de revient élevé. On se sert donc d'une machine formée d'une
auge demi-circulaire rendant le plateau d'une romaine réglable à
volonté suivant le poids à donner à la botte. Les liens étant disposés au fond de l'auge, où ils sont retenus par deux ressorts, on
empile du fourrage jusqu'à ce que la romaine ait indiqué que le
poids voulu est atteint. On abaisse alors sur le fourrage, à l'aide
de poignées, des ressorts que l'on accroche à des pédales fonctionnant dans des guides. On serre ainsi la botte avec le pied en même
temps que l'on noue le lien à la main. Cette machine très simple
est portative et permet l'emploi de tous les systèmes de liens :
fourrage, paille, corde, fil de fer, etc.

Presses à fourrages. — Pour livrer les fourrages au commerce,
il est nécessaire qu'ils soient comprimés, ainsi que nous le disions
plus haut, de façon à être ramenés à un volume et une densité
facilitant les transports, densité qui ne doit pas être inférieure à
300 kilogrammes par mètre cube; sinon, les fourrages auraient
tendance à s'avarier en voyageant par temps de pluie. En effet,
l'eau parvient à traverser les foins insuffisamment comprimés, les
échauffe, les moisit et finalement les rend impropres à la consommation; il vaudrait mieux ne pas les presser du tout, car ils pourraient sécher lorsque la pluie a fini de tomber, tandis qu'autrement le séchage est presque impossible, l'intérieur de la botte
s'échauffe et ne tarde pas à se transformer en fumier.

Suivant l'usage auquel on les destine et la facilité de la manutention, les balles de fourrages se font d'un poids variant entre
30 et 150 kilogrammes. Ces balles sont liées dans l'appareil même
de compression, pour conserver la densité acquise; autrement on
serait exposé à voir le foin gonfler et perdre jusqu'à plus d'un
tiers de la pression qui avait été donnée.

Il existe un grand nombre de modèles différents de presses à
fourrages. Celles qui sont actionnées par des animaux sont horizontales et consistent souvent en une caisse dans laquelle se meut
un piston commandé par un levier et une bielle. Les animaux
moteurs agissent alternativement dans un sens et dans l'autre en
faisant chaque fois moins de un demi-tour; à chaque demi-révo-
lution une couche de fourrage est comprimée. Un ouvrier intro-
duit le foin dans l'appareil et un autre lie les balles avant leur

sortie; le travail produit en une journée est de 6 000 à 8 000 kilogrammes de fourrages, comprimés à une densité de 300 kilogrammes par mètre cube.

Les presses continues actionnées par un moteur mécanique possèdent un plateau avançant sous la poussée d'une vis à trois filets; le degré de compression une fois atteint, un ouvrier lie la balle avec une ligature de fil de fer, et un débrayage ramène le plateau à sa première position. Enfin la compression peut s'effectuer à la presse hydraulique sous une très forte pression; mais alors les fibres végétales s'agglomèrent, et si on a dépassé une densité moyenne on n'a plus qu'une masse homogène que les bestiaux ne détachent qu'à grand'peine.

Les Grains.

Machines à battre. — La séparation des grains d'avec leurs épis s'effectue avec beaucoup plus de rapidité et d'économie par la machine à battre que par le fléau, dont la manœuvre est pénible et le travail lent. Aussi ce genre de machines s'est-il universellement répandu, et souvent, au moment même de la moisson, les faucheuses ou moissonneuses mécaniques sont-elles suivies d'une batteuse actionnée par une locomobile, de telle façon que la récolte aussitôt terminée peut être vendue et la paille rentrée. Le succès de ce procédé a, en conséquence, fait surgir un grand nombre de modèles différents de batteuses, que nous examinerons successivement ici.

Le battage, dans les machines, peut s'opérer en bout ou en travers, suivant que la batteuse est disposée pour recevoir les gerbes perpendiculairement ou parallèlement à l'axe du batteur; mais le battage en bout est bien moins employé, parce qu'il a l'inconvénient de détériorer la paille.

La machine à battre la plus simple ne se compose que d'un *batteur* et d'un *contrebatteur;* à sa sortie, la paille doit être secouée avec des fourches, et les produits du battage nettoyés dans un tarare; elles sont ordinairement mues à bras ou au manège. Dans la machine à battre complète, ces opérations sub-

séquentes sont rendues inutiles, car, en plus du batteur et du
contrebatteur, elle comporte un certain nombre de *secoueurs*,
variant suivant la grandeur de l'appareil, une *table à secousses*,
une *hotte* munie de grilles, un *ventilateur*, une *grille à paille* et
un *pont à engrener*. Ces modèles sont actionnés le plus souvent
par un moteur à vapeur ou à pétrole. Les grains déjà nettoyés
sont repassés au tarare, puis au trieur si l'on veut obtenir des
résultats absolument parfaits.

Dans les machines exécutant le battage en travers, le batteur
est constitué par un cylindre composé de croisillons clavetés sur
un arbre et sur lesquels sont fixées les battes. Ce batteur doit être
bien rond et soigneusement équilibré pour éviter les trépidations
qui causent une usure exagérée des coussinets, et l'ébranlement
de tout le mécanisme. Les battes sont reliées aux croisillons au
moyen de boulons à tête noyée; elles se fabriquent d'une foule de
manières, mais les types les plus répandus sont les suivants :
battes en cornière unie; battes en cornière perforée; battes cannelées.

Le contrebatteur est formé d'une grille en fer cintrée, placée sous
le batteur dont elle épouse la courbure; elle est mobile et disposée de façon à régler le jeu existant avec le batteur. Il a pour but
de froisser les épis et de donner passage aux grains battus.

Les secoueurs de paille s'emploient généralement au nombre
de quatre, cinq ou six suivant la largeur de la machine; ils glissent d'un côté sur une traverse garnie de cuir, et de l'autre côté
tournent sur des coussinets montés sur un arbre à vilebrequins.

La table à secousses est garnie, sur une partie, de tôles lisses,
et sur l'autre d'une grille à alvéoles recevant les produits du battage et les grains passant à travers les secoueurs.

La hotte est placée sous la table; elle est munie des diverses
grilles nécessaires au nettoyage. A son passage à travers les
grilles, le grain reçoit l'action d'un ventilateur qui en sépare les
balles et les autons dont la sortie est réglée par des planches à
coulisse et à bascule. La hotte est suspendue par des ressorts;
elle reçoit le mouvement d'excentriques montés sur le même
arbre que ceux de la table.

Le ventilateur se compose d'ailettes montées sur des croisillons; il est placé dans un tambour en bois garni de tôles, pouvant

127.
Petite batteuse
à manège.

128.
Machine à battre
mécanique,
avec
double nettoyage,
balles derrière.

129. Machine à battre fixe, avec   nettoyage complet du grain.

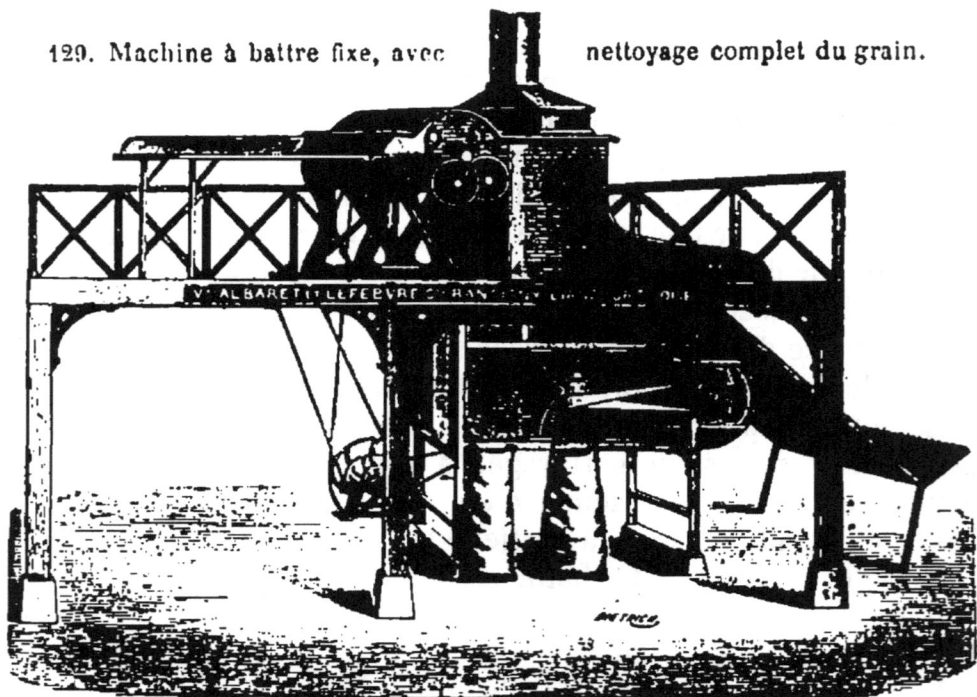

Fig. 127, 128, 129. — BATTEUSES.

se démonter en deux pièces pour faciliter le réglage des ailettes. Le vent passe à travers une ouverture et souffle sous les grilles pour opérer le nettoyage.

La grille à paille est en bois, placée sur le devant de la machine, elle laisse glisser les pailles battues et les conduit aux botteleurs.

Le pont à engrener est formé d'une planche montée sur des charnières sur le côté de la machine, de façon à pouvoir se rabattre; c'est sur cette planche que prennent place l'engreneur et l'ouvrier chargé de délier les gerbes.

Dans ces modèles de batteuses, les balles tombent soit en dessous, soit en arrière de la machine, suivant la disposition donnée à la hotte et aux conduits. Les grains se réunissent à la partie inférieure dans un récipient *ad hoc* où, pour faciliter l'ensachement, ils sont repris par un élévateur qui les amène à la hauteur voulue. Cet élévateur consiste le plus souvent en une chaîne à godets prenant le grain au passage pour le conduire dans une boîte munie d'un distributeur et de deux bouches à vannes auxquelles on fixe les sacs. L'aspirateur d'autons est un appareil à ailettes agissant sur une grille en tôle perforée dans le conduit de la hotte où descend le grain, pour remonter au batteur les épis incomplètement dépouillés. De même que pour les autres organes, cet aspirateur est construit de différentes manières; la disposition la plus simple consiste en un ensemble d'ailettes en tôle placées à l'intérieur du batteur et fixées aux battes; dans les grands modèles de batteuses, il y a un semblable appareil placé de chaque côté de la machine et dont les conduits aboutissent aux panneaux du batteur.

Afin d'obtenir un résultat plus avantageux du premier coup, bien des batteuses possèdent un second dispositif de nettoyage, consistant en un second ventilateur avec auget à grille qui reçoit et nettoie de nouveau le grain avant son arrivée dans les sacs. On y trouve également un ébarbeur et un trieur. En sortant de la hotte, le grain est conduit par une chaîne à godets à l'*ébarbeur*, qui a pour effet de le débarrasser du filament dur qui se trouve dans certaines espèces de blés, et qui échappe au battage. Cet ébarbeur n'est autre qu'un cylindre garni de râpes en acier disposées en hélice et tournant dans une boîte en toile métallique spéciale : les râpes enlèvent les barbes, qui se trouvent chassées

avec les poussières, et le grain tombe dans un trieur extensible
formé de fils d'acier enroulés en spirale dont l'écartement est
modifiable à volonté, et sur lequel frotte une brosse de crin. Le
but de cet appareil est de lustrer le grain et de le classer par
qualités ; on obtient ainsi le blé de semence et le blé marchand.

Les dimensions des organes des batteuses sont variables. En
général le batteur présente un diamètre de 46 à 50 centimètres ;
mais il atteint quelquefois 60 centimètres, dans les modèles à
grand rendement, dits *à gros batteur.* La vitesse de ce batteur
est de 900 à 1100 tours à la minute. Les types ordinaires de
machines à battre mesurent une largeur moyenne de 1^m,10 pour
la petite culture ; 1^m,30 pour la moyenne culture ; et 1^m,60 et
1^m,80 pour la grande culture et les entreprises de battage, mais
cette dernière dimension est exceptionnelle et ne se rencontre que
dans les pays où les pailles sont très longues et nécessitent ainsi
cette largeur. Les batteuses dites *à grand travail,* où tous les
organes que nous avons décrits sont étudiés de manière à donner
le plus grand rendement, ne dépassent pas, en général, une
moyenne de 1^m,40 à 1^m,60.

Voici maintenant la description de quelques modèles de batteuses des plus répandues et des plus appréciées en France :

Batteuse à double nettoyage, balles derrière. — Ce modèle (*fig.* 128),
robuste, relativement simple et nettoyant parfaitement, est l'un
des plus usités, surtout par les entrepreneurs de battage. A l'intérieur et sur le devant se trouve un double nettoyage composé
d'un ventilateur et d'un auget muni de grilles, qui vanne le grain
à nouveau, le débarrasse de la poussière et des balles qui ont
échappé au premier secouage, enfin ensache tout prêt à le conduire
à la ferme. Cette machine, suivant les applications projetées et les
difficultés du transport, se construit sur 1^m,10, 1^m,30, 1^m,40 et
1^m,60 de largeur.

Batteuse à broyeur de paille. — Ce système est construit par la
Société française de Matériel agricole pour les pays dépourvus de
fourrages et où la paille est destinée surtout à servir d'alimentation pour les bestiaux. En sus des organes habituels, il comporte
un système de doubles broyeurs, qui, après avoir coupé la paille

en longueur de 4 à 10 centimètres, la froissent et la refendent de
façon à la rendre souple et facile à accepter par les animaux. Un
sasseur, placé à la suite de ces broyeurs, secoue la paille pour
la débarrasser des poussières produites par le broyage, et recueille
en même temps les quelques grains qui ont pu rester dans la
paille à la sortie de la batteuse. Ce modèle se construit sur 1ᵐ,40
de largeur.

Batteuse à trèfle complète. — Ce système de batteuse ébourre et
égrène le trèfle et autres petites graines, en une seule opération.

Fig. 130. — Batteuse à petites graines.

Elle possède également un double nettoyage qui débarrasse la
graine des poussières et de toutes les graines plus légères que le
trèfle. Son poids réduit et sa largeur restreinte à 1ᵐ,20 lui donnent
une entière facilité à passer par tous les chemins. Dans cette
machine et dans celles analogues destinées spécialement au traitement des petites graines, l'ébourrage est exécuté avec un batteur
semblable à celui servant pour le blé. Les graines sont séparées
de la bourre par passage dans une égreneuse simple et traversent ensuite toute la série d'appareils de nettoyage ; mais ces

deux opérations peuvent être réalisées dans une machine unique désignée sous le nom de *batteuse complète à petites graines* (*fig.* 130), qui comporte deux batteurs, dont l'un, du type ordinaire, possède un contrebatteur garni en partie de toiles empêchant toute sortie intempestive des graines ébourrées. La bourre passe à travers les secoueurs et tombe sur une table, où elle est reprise par une vis d'Archimède qui la conduit dans un projecteur, d'où elle se rend au second batteur pour être égrenée. La paille est conduite au dehors par des secoueurs analogues à ceux des batteuses ordinaires. Le batteur à égrener est conique; il est garni de battes en U disposées en hélice; il transmet par une courroie au batteur à égrener le mouvement de rotation qu'il reçoit de la machine motrice. Son contrebatteur est un tambour conique pourvu de lames également cannelées en hélice. La bourre est amenée du côté du plus grand diamètre par une vis qui la reçoit du projecteur; l'égrenage s'opère et la graine sort du côté du petit diamètre par un conduit qui la mène sur les grilles du nettoyage, où elle est soumise à l'action d'un violent courant d'air chassé par un ventilateur.

De ces grilles, la graine passe dans un élévateur à palettes qui la conduit dans un aspirateur pour compléter le nettoyage, et de là dans les compartiments de sortie où sont accrochés les sacs qui la reçoivent. Le rendement de cette machine varie suivant la nature des graines à battre, mais on peut compter sur environ 2 hectolitres à l'heure; elle nécessite une force motrice d'environ 4 à 5 chevaux-vapeur.

Batteuse mixte pour les grains et les graines. — Le travail des graines fourragères nécessitant des opérations différentes de celles pour le battage du blé, on emploie généralement des appareils distincts pour ces diverses natures de grains et de graines. Cette circonstance obligeant les agriculteurs à posséder deux matériels pour ces divers battages, certains constructeurs se sont ingéniés à combiner ces deux appareils en un seul, et ils ont créé la *batteuse mixte* (*fig.* 131), qui se compose des mêmes organes que les deux systèmes de machines que nous avons décrits.

Considérée comme batteuse à blé, la machine mixte comprend tous les mêmes organes que la batteuse à double nettoyage; le fonctionnement et le travail obtenu sont identiques, ainsi que la force motrice nécessaire. Considérée comme batteuse à graines, l'engrenage se fait comme pour le blé dans le même batteur, qui sert maintenant de batteur à ébourrer. La paille est entraînée par les secoueurs ; les bourres tombent sur la table, qu'elles traversent pour se rendre sur la fausse table dont l'extrémité a été fermée pour qu'elles ne puissent pas se rendre dans l'auget. Dans

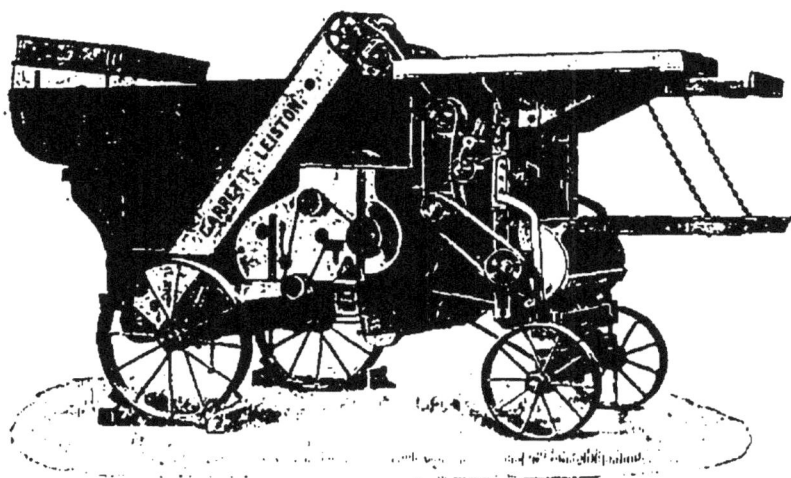

Fig. 131. — Batteuse mixte de Garrett.

ce but, cette fausse table est munie d'une fermeture à charnières restant ouverte lors du travail du blé.

Le batteur à égrener est placé en dessous, ou bien en bout de la batteuse, en avant ou en arrière, suivant les systèmes. Il est absolument semblable à celui que nous avons déjà décrit dans la batteuse de graines ; son contrebatteur est également semblable. La graine provenant de ce batteur est projetée par le batteur lui-même dans l'auget où elle reçoit l'action du ventilateur ; elle passe sur les grilles, puis une chaîne à godets la remonte dans un double nettoyage, où elle reçoit l'action du deuxième ventilateur ; de là elle descend dans la boîte de sortie, où se trouvent les bouches pour la mise en sacs.

Conduite des machines à battre. — Le contrebatteur doit être réglé à l'écartement voulu avec le batteur suivant les blés à battre. Il

n'existe pas de règle pour déterminer exactement cette distance,
qui varie généralement de 5 à 12 millimètres, et qui est quelquefois moindre de 5 millimètres, principalement pour les blés mouillés.
Pour donner de l'entrée, on l'éloigne plus du haut que du bas
d'environ 6 à 8 millimètres. Tout le bon travail de la machine
dépend de cette position du batteur : trop serré, il casse le grain ;
pas assez serré, il laisse du grain dans la paille.

Le réglage du vent et le choix des grilles ont une importance

Fig. 132. — Batteuse à grand travail.

considérable au point de vue du nettoyage ; la nature des graines
à battre peut seule guider pour cela. Le vent se règle à l'aide de
vannes placées sur les côtés des tambours de ventilateurs, ainsi
que les planches à coulisses et à charnières placées en avant des
grilles.

Il est bon de choisir ces grilles aussi petites que possible, de
manière que, tout en n'entraînant pas de grain à leur extrémité,
elles ne donnent cependant pas passage à des corps étrangers.
C'est pour cette raison que les constructeurs livrent avec les batteurs des séries de grilles de différente grosseur facilement démontables, de façon que le client puisse les changer suivant la nature
des grains à battre.

Les courroies à godet doivent être souvent vérifiées et leur tension bien réglée. De même pour l'ébarbeur, dont la toile métallique est sujette à usure, et qui peut annuler, dans ce dernier

cas, l'effet des râpes. Il est nécessaire de faire passer tous les blés à l'ébarbeur quand ils contiennent du noir et se salissent, sauf lorsqu'ils sont fragiles. Enfin le trieur extensible se règle en raison du résultat qu'on veut obtenir.

Nettoyage et triage du grain.

Quand il veut obtenir des produits absolument parfaits, soit pour la semence, soit pour les divers usages de l'alimentation, que le battage ait été exécuté au fléau ou à la machine, le cultivateur est obligé de nettoyer et de trier ses graines pour les débarrasser de toutes les matières étrangères et de toutes les graines différentes qui peuvent s'y trouver mêlées; il doit en outre, suivant les usages auxquels il les destine, les classer par qualités. Il est donc nécessaire, pour obtenir ces résultats, de faire subir aux graines plusieurs opérations successives, de façon à tenir compte des grosseurs, des densités et des différentes formes de ces graines, et on y parvient rapidement à l'aide d'une série d'appareils, connus sous le nom de *tarares, trieurs, sasseurs, épierreurs*, etc., et que nous allons étudier.

Tarare. — Pour débarrasser le grain de la poussière, des autons, des balles qui s'y sont mélangées pendant le battage, l'ébourrage ou le dépiquage, il faut secouer ces grains dans un courant d'air violent, produit d'une façon quelconque. C'est sur ce principe que résident les méthodes insuffisantes du pelletage et du vannage, que le tarare (*fig*. 133) remplace avec une incontestable supériorité.

Le fonctionnement des tarares s'opère comme suit : le grain à nettoyer est versé dans une trémie dont le fond est animé d'un mouvement continuel de va-et-vient. Il s'écoule ensuite sur un grillage horizontal appelé *passoire*, légèrement incliné d'arrière en avant, et dont le châssis constituant le fond de la trémie participe à son mouvement saccadé. Le grain ainsi répandu en nappe sur ce grillage tombe, à travers ses mailles, sur une seconde passoire, distante de 10 centimètres environ de la première, et à mailles plus serrées. En avant de la trémie, et dans un tambour traversé par un axe à pignon extérieur, tourne avec rapidité une roue à palettes montée sur cet axe. Ces palettes aspirent l'air qui leur arrive par une ouverture circulaire pratiquée de chaque côté du tambour et le refoulent par l'ouverture ménagée à l'arrière et en bas du tarare. Le courant d'air qui traverse le coffre entraîne avec lui la poussière et tous les corps légers, tels que fétus de paille brisée, son provenant des grains grignotés par les rongeurs,

Fig. 133. — Tarare.

graines légères, etc. En outre, les pierrailles et les mottes, ne pouvant pas passer à travers le grillage avec le blé, roulent à l'extrémité des passoires, pêle-mêle avec les autons et vont tomber un peu moins loin que ces derniers. Quant au grain, à mesure qu'il se tamise à travers la seconde passoire, il traverse le courant d'air qui continue de le débarrasser de tous les corps légers qu'il entraîne avec lui, et tombe sur un plan incliné formé d'un châssis portant une grille en laiton qui le conduit en avant du tarare, où il arrive purgé de la sanve, de l'ivraie et autres petites graines, ainsi que du sable qui l'ont suivi dans sa chute, mais qui passent à travers le plan incliné et tombent sous le tarare. L'appareil est mis en mouvement par une manivelle montée sur l'axe d'une roue dentée qui commande le pignon de l'axe sur lequel les palettes sont fixées. Toutes les transmissions se font par excentriques, bielles et tringles d'une grande simplicité; aussi le prix de cet instrument est-il peu élevé, ce qui a contribué considérablement à son extension.

Pour compléter le résultat du tarare, on l'accouple parfois avec un trieur, un cribleur, etc., ayant pour effet la séparation du bon grain d'avec les autres graines étrangères.

Les tarares se construisent de toutes grandeurs, et leur rendement est, par suite, assez variable. Les types les plus ordinaires donnent depuis 400 jusqu'à 1 500 kilogrammes de grains vannés par heure de travail, en nécessitant une force motrice de 12 à 15 kilogrammètres par kilogramme de grain nettoyé.

La tarare aspirant, connu sous le nom de *tarare américain*, donne la possibilité de régler la quantité d'air aspiré et d'obtenir ainsi un bon classement des grains par ordre de densités, chose fort difficile avec le système ordinaire, dans lequel le moindre changement de vitesse modifie la puissance du courant d'air et amène le mélange des diverses qualités. Dans le modèle américain, la trémie est munie d'une soupape à contrepoids réglant la quantité de grain alimentant l'appareil. L'aspiration a lieu sur une seule prise d'air et se trouve réglée par une soupape assurant une puissance constante au tarare. Le réglage de l'aspiration s'effectue automatiquement par le jeu du contrepoids mobile de la soupape, qui se place dans la position cherchée pour le degré d'épuration voulu, sans qu'on ait à modifier la vitesse de rotation.

Les tarares de ce genre se construisent également de diverses grandeurs, et ils peuvent nettoyer de 200 à 2 400 kilogrammes de grain par heure. La vitesse d'aspiration, dans les conditions moyennes, est de 6 à 8 mètres par seconde.

Trieurs. — Les trieurs servent à nettoyer les grains en raison de leurs différences de forme, car les tarares les plus perfectionnés peuvent laisser mélangés avec le bon grain des matières de même grosseur qui ont pu passer à travers les vides des grilles; en outre, les trous ronds ont pu laisser passer des graines longues qui se seraient présentées debout dans une nappe de grains à trier.

On a donc imaginé, dans le but de parer à ces divers inconvénients, de créer des appareils pourvus d'une table à alvéoles ne retenant que les graines rondes, les graviers, grenailles, etc., tandis que le blé était lancé jusque dans un conduit où il était recueilli. Cette table, animée d'un mouvement saccadé, était renversée dès que toutes les alvéoles se trouvaient remplies; on lui donna plus tard la forme d'un cylindre tournant sur son axe et

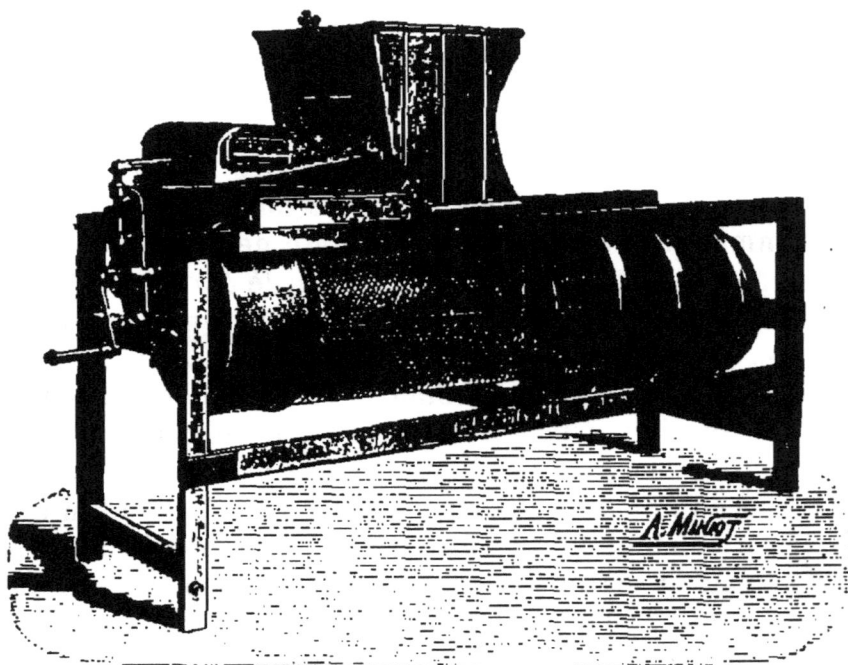

Fig. 134. — Trieur avec reprise.

partagé en plusieurs compartiments garnis d'alvéoles de profil et de grandeurs différentes, et c'est cette disposition qui a prévalu jusqu'à présent.

Le grain à trier est versé dans une trémie à vanne régulatrice qui le déverse sur des grilles émotteuses pour en séparer la poussière, les pierres et les mottes. Les alvéoles du premier compartiment ne peuvent admettre les grains d'avoine ou d'orge, lesquels s'écoulent au dehors, tandis que le blé et le reste du mélange, arrivés à une certaine hauteur, tombent sur un plan incliné aboutissant à une vis d'Archimède; cette vis les déverse dans un second compartiment, d'où les graines rondes et les petites graines sont évacuées au dehors, tandis que le bon blé s'écoule dans le troisième compartiment, qui consiste en un crible à trous rectangulaires par lequel le bon grain ne peut passer ; il arrive donc en roulant jusqu'à l'extrémité du cylindre où il est recueilli. On obtient avec ce dispositif toutes les séparations désirables, à condition de donner au cylindre la longueur voulue avec un nombre de compartiments suffisant et des alvéoles de forme calculée.

Les trieurs sont animés d'une vitesse de rotation de douze à quinze tours par minute, pendant que la vis fait de trente-six à quarante-cinq tours, soit trois fois plus. Les secousses sont communiquées à la table par un rochet ou un excentrique. Le rendement de ces appareils varie, suivant leurs dimensions, de 1/2 à 6 hectolitres à l'heure. Quand les cylindres ont une longueur sortant de la normale, ils sont ordinairement divisibles en deux ou trois parties que l'on juxtapose pour le travail. Ces parties, entraînées par courroie ou autrement, peuvent, dans les grands trieurs, fonctionner ensemble ou séparément, suivant le besoin.

Parmi les nombreux modèles de trieurs créés depuis vingt ans, et dont la valeur a été démontrée par une longue pratique, citons ceux à double régulateur et distributeur de Hignette. La plupart des trieurs à double effet sont construits avec un seul régulateur faisant hausser ou baisser ensemble toutes les palettes du cylindre, le couloir qui les unit étant d'une seule pièce. Or c'est là un procédé défectueux, car il empêche d'obtenir tout le résultat possible du nettoyage par les alvéoles, car c'est de la hauteur des palettes intérieures du cylindre que dépend la perfection du travail. Ces appareils comprennent le plus fréquemment deux parties, dont la première extrait les graines longues, orge et avoine, tandis que la seconde sépare les graines rondes : nielle, vesce, etc. ; on conçoit donc que la hauteur des palettes devrait être différente dans chacune des deux parties, aussi bien dans les modèles de fermes que dans les trieurs de meunerie qui extraient la graine ronde *avec reprise* (*fig.* 134, 135), c'est-à-dire en deux opérations.

Il est donc indispensable de pouvoir régler la hauteur des palettes dans chaque partie du cylindre trieur, et indépendamment l'une de l'autre, et c'est ce résultat qui est atteint dans le système Hignette, dont les différents modèles sont montés sur bâti en bois. Ces trieurs sont munis d'un distributeur automatique très simple, réglant l'alimentation proportionnellement à la vitesse du cylindre, chose importante, car il n'y a jamais d'engorgement et l'opération est poursuivie régulièrement, même avec une vitesse variable, ce qui n'a pas toujours lieu avec d'autres systèmes, le trieur ne pouvant faire de bon travail s'il n'est pas convenablement alimenté. Le cylindre diviseur et émotteur, en tôle perforée, a pour

Fig. 133. — Trieur avec reprise.

but de séparer le blé marchand du blé de semence, et à extraire le seigle. Pour obtenir de ce genre d'appareils tous les avantages qu'on en peut espérer, il suffit de les placer d'abord bien de niveau, de régler la hauteur des palettes à l'intérieur du cylindre à l'aide des régulateurs placés aux extrémités du trieur, où ils sont fixés par des boulons, enfin de n'y introduire le blé qu'une fois bien ventilé par passage au tarare, afin d'éviter qu'il s'y trouve encore des autons ou des menues pailles.

Les *trieurs à cuscute* sont construits sur un principe analogue à celui sur lequel sont basés les systèmes précédents. Le crible à secousses est double : la grille supérieure retient les corps étrangers au trèfle ou à la luzerne travaillés, celle de dessous laisse tomber la poussière, ainsi que les petites et moyennes graines de cuscute. La séparation s'opère à l'intérieur du cylindre à alvéoles, et permet d'obtenir deux choix de graines, l'un pour la semence, l'autre pour le commerce. Les trieurs décuscuteurs débitent de 1 à 3 hectolitres à l'heure.

Émotteur-trieur à avoine. — L'avoine est souvent donnée aux chevaux sans être nettoyée, et elle contient alors une grande proportion de matières étrangères, de la terre, de la poussière, des balles, et surtout des graines de toute nature. Il en résulte que l'animal nourri avec cette avoine dépérit ou rejette hors de sa mangeoire une grande partie de sa ration, et enfin, inconvénient fort sérieux pour l'agriculteur, que ces grenailles de toute nature, ainsi jetées par le cheval sur sa litière, sont transportées, mélangées au fumier, jusque sur les terres à amender où elles germent parmi le bon grain, duquel on ne peut plus les séparer. C'est pour éviter ces inconvénients que M. Hignette a établi un modèle très simple et à bon marché de *trieur-émotteur-ventilateur*, pour l'avoine et l'orge; lesquelles, après leur passage dans cet appareil, se trouvent débarrassées de toutes les impuretés qu'elles pouvaient contenir : poussières, graines nuisibles de forme ronde, pierrailles, etc.

Sasseurs et épierreurs. — Le sassage consiste en un mouvement saccadé quelque peu analogue à celui que l'on donne à un van. Le choc qui se produit à chaque fin de course fait superposer les grains par ordre de densité, en faisant monter à la surface les matières les plus légères. Les parois latérales d'un sasseur sont ordinairement obliques à la direction du mouvement et forment un trapèze dont le fond est un plan incliné, et dont la grande base est à la partie supérieure. Avec cette disposition, les matières légères remontent vers la base, tandis que les matières plus denses s'écoulent vers le bas du plan incliné ou petite base du trapèze. La caisse trapézoïdale reçoit le mouvement saccadé indispensable par l'intermédiaire d'une bielle commandée par une manivelle et deux engrenages droits. Cette caisse est montée sur ressorts et munie de vis de réglage pour modifier l'inclinaison suivant les besoins; des cloisons divisent l'intérieur en un certain nombre de compartiments.

Une trémie déverse le grain vers le centre de gravité de la surface du fond ; les matières légères sont entraînées vers l'arrière et s'écoulent par des orifices disposés en conséquence, tandis que les grains lourds se dirigent vers l'avant. Quand le but de l'appareil est particulièrement de séparer du blé, du café ou des graines diverses, les pierres et les cailloux qui s'y trouvent mêlés, que la

Fig. 136. — Sasseur-épierreur marchant au moteur.

grosseur de ces cailloux atteigne ou non celle du grain lui-même, on lui donne plutôt le nom d'*épierreur* (*fig.* 136), bien qu'il convienne également bien au triage du riz et à l'enlèvement des bourres des blés épeautres.

Les épierreurs sont, du reste, indispensables dans les moulins et manutentions, car il est reconnu que les petites pierres qui peuvent se trouver parmi les grains ne peuvent être enlevées par d'autres machines, et qu'elles sont très nuisibles aux meules et aux cylindres qu'elles ébrèchent et usent rapidement, de même qu'à la santé des consommateurs, ces pierres écrasées se trouvant mélangées aux produits de la mouture.

Telles sont les principales machines servant à l'appropriation des récoltes et au traitement des grains de toute nature. Nous arriverons maintenant à l'examen d'une autre série d'appareils de ferme, destinés à la préparation de la nourriture des animaux qui sont les aides et les pourvoyeurs de l'agriculteur.

VI. — PRÉPARATION DE LA NOURRITURE DES ANIMAUX.

Les produits de la terre ne peuvent pas souvent être utilisés tels qu'ils ont été récoltés. Nous venons de voir qu'il est nécessaire, pour les graines et les céréales, de leur faire subir un nettoyage complet avant de les livrer au commerce ou à la consommation. De même pour la paille, les racines, les tourteaux, le maïs : ces produits doivent recevoir une préparation spéciale pour pouvoir être donnés aux bestiaux, qui ne pourraient les absorber à l'état naturel. On a donc été amené à combiner un outillage particulier pour ces préparations, et toutes les exploitations agricoles comportent des machines destinées à exécuter ces divers ouvrages, et connues sous le nom de *hachoirs*, de *concasseurs* et de *broyeurs*.

Hache-paille.— Le plus simple de ces instruments, utilisé seulement pour la petite culture, est composé d'un tonneau et de deux vieilles lames de sabre, dont l'une est solidement fixée aux parois du tonneau, le tranchant dirigé vers le haut, et l'autre ajusté à côté de la première, avec son tranchant dirigé vers le bas. Cette lame n'est fixée que par une de ses extrémités, laquelle est munie d'une charnière; l'autre bout porte une poignée semblable à celle d'une lime. Pour se servir de cet outil, l'ouvrier prend une poigné de paille de la main gauche; il la pose transversalement sur la lame fixe, tandis qu'il fait agir, de l'autre main, la lame mobile pour couper la paille à la longueur voulue : les brins coupés tombent au fond du tonneau.

Dans un autre modèle, une auge en planches, supportée par un bâti en bois, reçoit la paille à couper; la lame mobile à charnière se lève et s'abaisse devant le bord de l'auge; en poussant peu à peu le fourrage, la lame le hache aussi court qu'il est nécessaire.

Mais ces instruments primitifs ne conviennent guère qu'aux fermes modestes où il n'y a que quelques animaux à alimenter, et les constructeurs ont établi, pour les établissements plus importants, des hache-paille fonctionnant au manège ou à l'aide d'un moteur quelconque (*fig.* 137, 138, 141, 144), et dont le débit est en rapport avec leurs dimensions. Ces machines se composent généralement d'un volant à deux ou trois bras courbes portant des lames convexes à tranchant bien affilé. Deux cylindres cannelés poussent la paille, qui est coupée par fragments dès qu'elle dépasse l'orifice d'une bouche devant laquelle passent les lames tranchantes. Cette bouche est mobile et tend à descendre sous l'action d'un contrepoids, de sorte que la masse de chaumes est comprimée et que la section de coupe est très nette. Dans quelques systèmes la rotation des cylindres est périodique, tandis que dans d'autres elle est continue; le mécanisme est disposé de façon à ce que l'on puisse faire varier la vitesse et obtenir à la longueur voulue les matières coupées, paille ou fourrages. Dans certains modèles les lames tranchantes sont contournées en hélice à la surface d'un cylindre tournant en face de la bouche d'alimentation.

Le maniement du hache-paille mécanique est quelquefois dangereux pour les ouvriers; aussi les constructeurs munissent-ils ces appareils d'un organe permettant l'arrêt instantané des cylindres sans influencer le moteur. Le contrepoids placé à l'extrémité d'un levier se trouve, dans quelques hache-paille, placé à la partie inférieure, tandis que dans d'autres il est placé au-dessus de la trémie. Cette dernière disposition permet, en cas d'accident, de soulever facilement le contrepoids et d'arrêter ainsi la progression de la paille à couper. Le cylindre supérieur, qui est soumis à un mouvement dans le plan vertical, reste toujours horizontal et doit toujours conserver son mouvement de rotation; le mécanisme de transmission est une chaîne Galle ou des engrenages à longues dents pouvant compenser les variations d'écartement entre les axes. Ces engrenages sont placés à une extrémité du bâti; dans ce cas, le pignon du cylindre supérieur lui est relié par une articulation à genouillère permettant l'obliquité et conservant la commande du mouvement. Si l'instrument est à avancement périodique, le mouvement est transmis par des roues à rochet, des leviers articulés et des bielles; la longueur de la coupe est déterminée par la longueur des bielles. Si, au contraire, il est à avancement continu, cette longueur de coupe est réglée par des combinaisons d'engrenages rendus solidaires ou libres à volonté, de façon à ne mettre en rapport que ceux dont le jeu est néces-

saire pour obtenir le résultat cherché. Dans certains systèmes on
déplace ou on change les engrenages, ou encore le pignon est
rendu mobile et peut engrener avec l'une des quatre couronnes
dentées à différentes dimensions sur un plateau fixé à l'axe du
cylindre intérieur.

Les petits hache-paille sont montés sur un trépied en bois et leur
mise en marche se fait à bras en tournant la manivelle fixée à la
circonférence du volant porte-lames. Les hache-paille à grand travail, mus par un moteur, ont un bâti en fonte monté sur quatre
pieds, ce qui leur donne une grande stabilité et facilite beaucoup
l'installation ; ils peuvent couper jusqu'à 1 000 kilogrammes de
matière par heure avec une dépense de force de 2 chevaux-
vapeur. Leur poids ne dépasse pas 250 à 300 kilogrammes et leur
prix est modéré ; aussi ce genre d'instrument s'est-il beaucoup
répandu dans les campagnes, car il peut aussi bien hacher la
paille que les fourrages ou le maïs.

Coupe-racines. — Le coupe-racines (*fig.* 147, 148) a pour but,
comme son nom l'indique, de détailler, en morceaux plus ou moins
gros, les racines et les tubercules destinés à la nourriture des
bestiaux, racines qui ne pourraient leur être données entières. La
pièce essentielle de cet appareil est un cylindre court, armé de
lames fortes et tranchantes, et mis en mouvement au moyen d'une
manivelle ; il est surmonté d'une trémie où l'on entasse les racines
à couper ; un panier quelconque, placé entre les pieds du bâti,
reçoit les fragments au fur et à mesure qu'ils tombent. Certains
coupe-racines divisent les racines en longs rubans semblables à
des copeaux de menuisier ; ce sont les meilleurs. Ils marchent
ordinairement à bras, mais on en construit également marchant au
manège ou au moteur, et dont l'organe tranchant est soit un disque
ou plateau, soit un cône. Le système à disque consiste en un plateau vertical, percé d'ouvertures longitudinales contre lesquelles
s'appliquent les couteaux serrés par des boulons. Les racines
empilées dans la trémie descendent par le seul effet de leur poids
et se présentent aux couteaux qui les coupent dans leur mouvement de rotation. Ces couteaux dépassent le disque à l'intérieur,
et de la saillie qu'ils font sur cette face résulte l'épaisseur des
fragments obtenus ; on règle cette saillie à volonté au moyen de

137. — Coupe-racines à bras.

138. — Coupe-racines à moteur.

139. — Petit moulin agricole.

140. — Aplatisseur de grains.

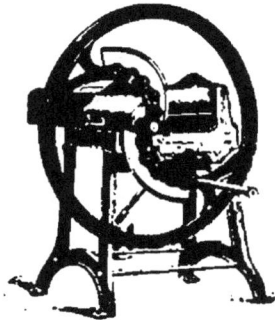

141. — Hache-paille à bras.

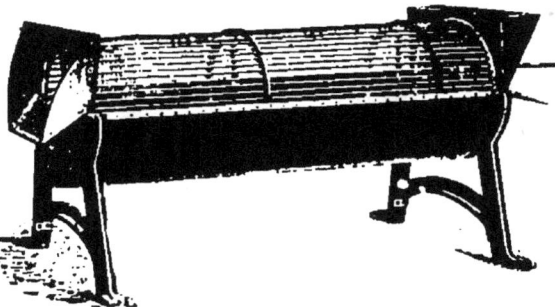

142. — Laveur de racines.

143. — Débrayage chasse-courroie.

Fig. 137 à 143. — MACHINES POUR L'ALIMENTATION DES ANIMAUX.
(Modèles Amiot et Bariat.)

Fig. 144 à 153. — MACHINES POUR L'ALIMENTATION DES ANIMAUX (suite).

144, Hache-paille Albaret pour petite culture. — 145 Hache-maïs, marchant au moteur.
146, Hache-maïs pour petite culture. — 147, 148, Coupe-racines à grand travail. — 149, Concasseur.
150, Brise-tourteaux. — 151, Machine à broyer l'ajonc. — 152, Égreneuse de maïs — 153, Chaudière
pour cuire à la vapeur, de Beaume.

coulisses pratiquées sur les couteaux à l'endroit des boulons qui les rattachent à leur support.

Les coupe-racines à cône ne diffèrent de ceux à cylindre ou à disque que nous venons de décrire que par la disposition des lames tranchantes. Quand on veut couper les racines en languettes, il faut employer des modèles à lames posées d'équerre, coupant dans deux directions perpendiculaires. Les systèmes à double effet portent deux séries de couteaux montées sur deux disques ; la trémie est partagée en deux parties par une plaque à charnières qui permet de faire aller les racines sur l'un ou sur l'autre disque. Dans un modèle d'origine anglaise la trémie est disposée en spirale autour du plateau porte-lames, et les racines, toujours compressées, sont coupées tout autour de ce plateau, dont la surface travaillante atteint les 4/5. Les lames sont formées de plusieurs dents biseautées ; l'arbre porte également des dents en spirale qui aident à pousser contre le plateau les racines à détailler. La vitesse de rotation est de 300 à 350 tours par minute, et le débit, suivant les dimensions de l'appareil, peut atteindre jusqu'à 4 000 kilogrammes de racines à l'heure, avec une très faible dépense de force motrice.

Les coupe-racines tranchent indifféremment les betteraves navets, carottes, pommes de terre, etc., qui sont données ensuite telles quelles ou mélangées de paille, de son ou de foin haché, aux animaux de la ferme. Ce mélange, après une certaine fermentation, constitue même un excellent aliment pour les bêtes à cornes, mais il est préférable de le donner frais aux chevaux. L'usage commence aussi à s'introduire de hacher, avec le coupe-racines, une provision de betteraves et de pommes de terre qu'on fait ensuite sécher à l'étude pour le conserver à l'état de *cossettes*. C'est une très bonne méthode partout où le bois, la tourbe ou la houille sont à bas prix, et permettent d'opérer à bon compte la dessiccation des racines. Il faut se rappeler que les fragments coupés doivent varier de longueur suivant les animaux auxquels ils sont destinés ; les dimensions adoptées sont les suivantes :

Pour bœufs, vaches, taureaux, etc.	40 sur 15 millimètres.	
Pour veaux et génisses............	30 sur 15	—
Pour moutons et brebis...........	20 sur 20	—
Pour agneaux....................	10 sur 10	—

Concasseurs. — Dans toutes les exploitations agricoles où l'on s'occupe d'élever et d'engraisser un assez grand nombre de bestiaux, il est de toute nécessité de broyer grossièrement les grains qui font partie de la nourriture de ces animaux, afin de faciliter le travail de la mastication, laquelle s'effectue quelquefois incomplètement chez certains animaux fort jeunes dont la dentition n'est pas achevée. Ce broyage, qui rappelle celui du café dans les moulins à café, ne doit pas réduire les grains en farine, mais simplement les diviser de façon que les animaux puissent en digérer de grandes quantités sans se fatiguer l'estomac. L'opération s'effectue de diverses manières : par *concassage*, par *broyage* et par *aplatissage*, à l'aide d'appareils appropriés ; le premier procédé consistant à casser en fragments de grosseur variable les substances alimentaires, le second produisant de la farine, et le troisième se bornant à ouvrir le grain sans rompre l'amande, comme cela se pratique notamment pour l'avoine que l'on donne aux chevaux et pour l'orge destinée à la préparation de la bière. Nous examinerons ces appareils dans l'ordre où ils viennent d'être énumérés.

Les concasseurs de grains (*fig.* 149) se construisent suivant différents principes. Certains constructeurs emploient des cylindres cannelés, d'autres un cylindre tournant sur une plaque, d'autres encore deux disques tournant en face l'un de l'autre. Chacun de ces systèmes donne des résultats satisfaisants, mais le choix doit être déterminé surtout par le genre de grains à concasser et le résultat à obtenir.

Le modèle à cylindres cannelés longitudinalement, obliquement ou hélicoïdalement, comporte deux cylindres, dont les cannelures sont disposées en sens contraire, et qui tournent en sens inverse l'un de l'autre, au moyen d'une commande à engrenages. L'écartement entre ces cylindres peut être réglé à volonté par une vis ou un excentrique agissant sur les deux paliers à la fois. Les cylindres sont ordinairement du même diamètre, et la commande s'opère sur celui tournant le moins vite, excepté dans le cas où le concassage doit être très fin. Le rapport des vitesses est de 3 à 1, ou de 2 à 1, ou encore intermédiaire entre ces chiffres. Les cannelures sont à arêtes tranchantes et mesurent environ 3 millimètres de relief. Le grain est distribué par une trémie, munie à sa partie inférieure d'une vanne en tôle, ou bien d'un rouleau cannelé qui le déverse entre les deux cylindres. Ces concasseurs se construisent suivant plusieurs dimensions, débitant de 60 à 500 litres, et sont mues à bras ou au moteur.

Les concasseurs à un seul cylindre se composent d'un cylindre cannelé semblable aux précédents, et tournant devant une plaque portant des cannelures analogues, mais de sens contraire; cette plaque est mobile verticalement, montée sur ressorts, et réglable par une, afin de pouvoir faire varier l'écartement entre la plaque et le cylindre suivant le résultat qu'on veut obtenir. La trémie est à vanne ou encore à rouleau cannelé, et dans certains systèmes, les cannelures sont démontables, de façon à permettre leur remplacement quand elles sont usées. On peut encore classer dans cette catégorie les concasseurs à noix mobile, tournant dans une enveloppe conique dont l'intérieur est cannelé en hélice ; la disposition est horizontale ou verticale et placée au-dessus d'une vis placée en conséquence.

Cette vis tourne dans un conduit qui reçoit le grain et qui est muni d'une vanne permettant de n'alimenter le concasseur que selon les besoins. La noix se règle à l'aide d'une vis, ce qui permet d'obtenir un concassage de la finesse voulue. Cet appareil tourne à 300 tours par minute, et son débit est d'environ 180 à 200 kilogrammes à l'heure.

Les *concasseurs à disques* consistent en deux disques cannelés, l'un fixe et l'autre mobile, montés sur un arbre horizontal. Le disque mobile se rapproche à volonté à l'aide d'une vis. Une trémie déverse le grain devant le disque fixe; cette trémie est munie à sa partie inférieure d'une vanne ou d'un rouleau distributeur.

Il en existe un autre système consistant en une série de disques calés à intervalles égaux sur un arbre vertical, qui tournent dans un cylindre fixe en fonte dure, munis de disques semblables, ces derniers étant placés dans les intervalles libres des premiers. Tous ces disques sont percés de trous, dont les arêtes vives concassent le grain, qui tombe à travers les différents disques. La partie supérieure du cylindre fixe constitue la trémie, et l'alimentation est réglée comme précédemment.

On a combiné l'aplatisseur avec un concasseur dans lequel le cylindre cannelé tourne devant une plaque, également cannelée et suspendue; une vis permet de régler l'écartement suivant la grosseur des morceaux à obtenir. Ces appareils débitent, suivant qu'ils sont actionnés à bras ou au moteur, de 70 à 800 litres à l'heure.

Tous ces divers types de concasseurs de grains étant réglés en conséquence peuvent à la rigueur constituer des broyeurs; mais ces appareils, n'étant pas disposés pour ce travail, donnent généralement dans le broyage des produits laissant à désirer. La force motrice qui leur est nécessaire dépend de la nature des grains et du concassage; elle atteint pour certaines graines jusqu'à 1 800 kilogrammètres par kilogramme de produits concassés, comme, par exemple, les graines de lin, tandis qu'elle n'est guère que de 400 à 500 kilogrammètres par kilogramme de fèves.

Concasseurs de tourteaux. — Les tourteaux de graines oléagineuses sont généralement employés pour la nourriture des animaux, ou bien encore comme engrais; il faut dans les deux cas qu'ils soient réduits en petits morceaux ou en poudre. Les appareils qui donnent ce résultat (*fig.* 150) consistent en cylindres dentés, au nombre de deux ou de quatre, suivant l'importance du concasseur; les deux premiers concassent grossièrement et déversent leurs produits dans les deux suivants qui terminent le travail. L'écartement des cylindres se règle à volonté. Les produits concassés tombent sur un plan incliné formé d'une tôle perforée à travers laquelle passent les produits en poudre, qui sont recueillis à part.

Suivant que ces appareils sont actionnés à force de bras ou par une puissance mécanique, leur débit est plus ou moins grand et peut varier entre 100 et 2 000 kilogrammes par heure, avec une dépense de force motrice de 40 à 200 kilogrammètres par kilogramme de tourteaux broyés ou concassés, cette force variant en raison de l'état des tourteaux et la finesse du concassage.

Broyeurs. — Cet appareil est composé de deux disques armés de broches en acier tournant horizontalement et avec rapidité en sens inverse l'un de l'autre. Les matières à broyer sont conduites au centre par une trémie; la force centrifuge les projette en dehors des disques, après qu'elles ont reçu le choc des broches en rotation. Les broyeurs peuvent servir à écraser toutes sortes de matières, et on pourrait même les utiliser pour faire de la farine, que l'on bluterait ensuite pour séparer le son et le gruau ; mais on préfère le plus souvent, pour cette application, faire usage des petits moulins agricoles à cylindres, avec bluteau, dont nous dirons un mot tout à l'heure.

Certains broyeurs sont pourvus d'un cylindre comprimeur ayant pour but d'aplatir légèrement les gruaux blancs et bis restant à remoudre après les premières opérations de blutage. Suivant leurs dimensions, ces appareils peuvent traiter de 8 à 20 quintaux métriques de blé à l'heure. Dans d'autres systèmes, le mécanisme est composé de deux axes verticaux portant chacun un plateau de forme tronconique garni de broches, tournant en sens contraire, et à vitesse différentielle ; l'axe du plateau supérieur est creux et sert à l'amenée du blé au centre, disposition fort avantageuse en ce sens que la forme conique des plateaux retient mieux la matière travaillée ; l'utilisation de la surface active est plus complète, les plateaux étant horizontaux et agissant à peu près comme des meules de moulin. Il n'y a pas à s'inquiéter de la pesanteur, et, de plus, il ne peut se produire aucune échappée ni aucune perte de grains.

Aplatisseurs. — Ces appareils (*fig.* 140) sont nécessaires aux agriculteurs parce que les avoines et les orges qui ont été travaillés dans le mécanisme sont beaucoup plus facilement digérés par les animaux ; par suite, elles les nourrissent mieux sans les engraisser comme le font souvent les grains concassés. Les aplatisseurs ont aussi leur emploi dans les brasseries et huileries pour préparer le malt et pour réduire en farine la graine de lin et autres graines oléagineuses. Les petits modèles sont mus à bras au moyen d'un volant et d'une manivelle ; les grands modèles, capables de travailler de 1 000 à 1 500 litres de grain à l'heure, réclament l'intervention d'une force motrice quelconque pour être mis en action.

Les aplatisseurs se composent de deux cylindres, de même diamètre ou de diamètres différents, dont l'un est moteur et entraîne l'autre par adhérence. Le plus petit des cylindres est monté sur coussinets à coulisse sollicités par des ressorts, ce qui lui donne une tendance à se rapprocher constamment du plus grand cylindre afin d'opérer l'aplatissage. Ces ressorts sont tendus par une vis commandée par un volant, ce qui permet de régler à volonté la pression suivant le degré d'aplatissage que l'on veut obtenir. Une trémie, munie à sa partie inférieure d'un rouleau distributeur, déverse le grain entre les cylindres; ceux-ci sont nettoyés et grattés en dessous par des râcloirs fixes ou à contrepoids ayant pour but de les débarrasser des graines restant adhérentes. Les grains aplatis tombent dans un conduit ou dans un récipient où ils sont recueillis. La quantité de grain qui passe est proportionnelle à la circonférence du grand diamètre du cylindre; pour rendre la force motrice minima, il est plus avantageux d'adopter deux cylindres de même dimension. Le travail moteur varie avec le degré d'aplatissement.

Broyeurs d'ajonc. — L'ajonc, qui pousse dans les terrains les plus médiocres, convient aux animaux, à condition d'être broyé et débarrassé de ses piquants. On a donc combiné des machines effectuant cette opération, qui se faisait autrefois à la main, à l'aide de maillets que l'on manœuvrait dans une auge; mais ce travail était long et pénible : un ouvrier ne pouvait préparer plus de 200 à 250 kilogrammes de nourriture par jour. Les broyeurs d'ajonc actuellement en usage, commandés à bras ou au moteur suivant leurs dimensions, préparent cette quantité en une heure, avec une dépense de force d'un cheval-vapeur environ (75 kilogrammètres par seconde), ce qui constitue un grand avantage, au double point de vue de la rapidité et de l'économie de la main-d'œuvre.

Ces broyeurs (*fig.* 151) se composent de deux cylindres recevant l'ajonc d'une trémie. D'abord broyé par son passage entre ces rouleaux, le fourrage est conduit sous forme de nappe devant trois lames hélicoïdales tranchantes, fixées sur un tambour, et qui le coupent en longueurs de 4 à 5 millimètres. Ainsi travaillé, l'ajonc n'a perdu aucune de ses propriétés nutritives; il est simplement débarrassé de ses épines et peut être donné sans danger aux bestiaux.

Les cylindres du broyeur sont l'un cannelé, l'autre lisse, ou quelquefois cannelés tous les deux. On peut régler la longueur de coupe sans cependant modifier le débit, seulement en supprimant un ou deux couteaux. La transmission est opérée par engrenages, et, dans quelques systèmes, le hachage est exécuté avant le

broyage. Dans tous les cas, les tiges à broyer sont présentées perpendiculairement à l'axe des cylindres, la pointe la première ; une
fois prises dans l'engrenage, elles avancent toutes seules. On alimente la machine en empilant les tiges à engrener sur celles déjà
en prise. Enfin il est bon de choisir, en faisant la récolte de l'ajonc,
les plus longues tiges, non encore lignifiées ; ce sont les plus convenables pour cette application.

Broyeurs de tubercules. — Ces appareils, dont le but est d'écraser rapidement les pommes de terre et légumes analogues destinés
à l'engraissement du bétail, notamment des porcs, ont pour organes
principaux deux cylindres horizontaux armés de dents triturant
les matières qui arrivent par la trémie et passent à travers une
grille disposée à la partie inférieure. Le mouvement donné à force
de bras par une manivelle est transmis aux cylindres par des
engrenages droits, dans la plupart des modèles actuels ; cependant
certains types possèdent une trémie verticale, au-dessous de
laquelle se trouve une vis sans fin, montée sur un arbre vertical,
et actionnée par un volant à manivelle et des engrenages droits.
Les spires de la vis saisissent les tubercules, les pressent sous
le fond perforé, et les font passer, réduites en pulpe, à travers les
trous. On peut aussi utiliser dans ce but, et quand on ne veut pas
faire la dépense d'un appareil spécial, les broyeurs à cylindres ou
les concasseurs de tourteaux que nous avons décrits plus haut, et
dont on dispose en conséquence la trémie d'alimentation.

Dépulpeurs. — On donne le nom de *dépulpeur* à une sorte de
coupe-racines qui réduit en très petits fragments, et même en
pulpe, les matières que l'on fait passer dans son mécanisme. Le
mélange de cette pulpe avec de la paille ou des fourrages hachés,
des cosses, etc., constitue un aliment de bonne qualité pour les
bestiaux. Les organes de ce genre d'instruments sont analogues à
ceux du coupe-racines, sauf en ce qui concerne les lames tranchantes, couteaux, disques, etc., qui sont remplacés par des grattoirs ou des pointes triangulaires, facilement interchangeables
après usure. La trémie de distribution est de même forme, ainsi
que le support des lames travaillantes ; cependant, dans quelques
modèles le cylindre est composé de plaques démontables fixées

sur des croisillons et où sont implantés des couteaux en forme de crochet, disposés en hélice. Ces couteaux passent entre les filets d'une vis placée à l'avant, où ils se nettoient constamment. — Il y a encore des dépulpeurs à dents pointues fixées sur un disque, et où un peigne actionné par un excentrique vient passer entre ces dents et les décrasser de temps en temps. — On transforme également en dépulpeur le coupe-racines à force centrifuge, auquel on ajoute simplement un élévateur. Les rubans ou cossettes, pris par les palettes de l'élévateur, sont transportés dans une caisse de mélange et se brisent pendant le transport. La quantité de matières ainsi décortiquées peut atteindre jusqu'à 2 000 kilogrammes par heure suivant les dimensions de l'appareil.

Laveurs de racines. — Avant d'être passées au coupe-racines ou au dépulpeur, les tubercules et les racines de toute nature : navets, carottes, pommes de terre, betteraves, il est nécessaire que ces produits soient nettoyés à fond, ce qui s'effectue en les râclant avec un couteau ou en les lavant dans un baquet, quand il n'y a qu'une petite quantité à traiter. Mais le travail à la main serait trop lent quand il s'agit de quintaux de tubercules ou de racines à nettoyer ; aussi les constructeurs ont-ils combiné des appareils pour le décrassage à l'eau ou à sec de ces différents produits.

Le *laveur à sec* ou *décrotteur* (*fig.* 142) est formé par un tambour à claire-voie dont l'intérieur est garni de chevilles en fer, disposées en hélice, et dont le but est de remuer et retourner les matières enfermées dans ce tambour, de façon à en détacher la terre. Des plaques à nervures, disposées longitudinalement, ont le même but. Les matières introduites par la trémie placée à une extrémité traversent le tambour animé d'un mouvement de rotation, et dans leurs parcours se débarrassent de la terre ; elles sortent nettoyées à l'autre extrémité.

Les *laveurs par voie humide* (*fig.* 154) se font pour eau dormante et pour eau courante. Ceux pour eau dormante ont le grand inconvénient de laver dans l'eau sale les dernières racines qui passent ; aussi leur préfère-t-on le système à eau courante toutes les fois que la quantité d'eau disponible permet de l'adopter. En outre, le lavage se fait dans des appareils où l'eau n'est renouvelée qu'à chaque opération, et dans d'autres où elle est sans cesse renouvelée ; on les distingue, suivant le cas, par la désignation de *laveurs discontinus* et *laveurs continus*. Les racines à laver sont placées dans une caisse mobile à jour, articulée à l'intérieur d'une auge contenant de l'eau. Dans cette caisse se trouve un agitateur mû par une manivelle et formé d'un arbre portant des traverses en bois dont on fait varier la position suivant la dimension des racines à nettoyer. Le lavage terminé, on renverse la caisse à l'aide de sa poignée : les racines tombent dans un bac placé en

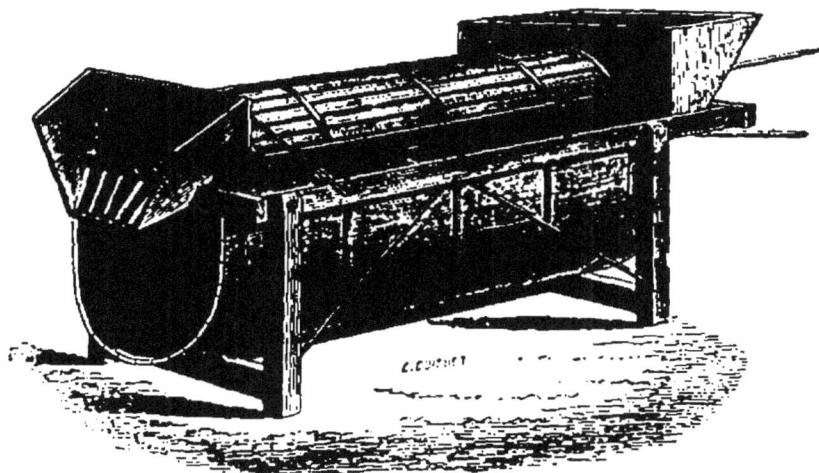

Fig. 154. — Laveur de racines.

avant, dont le fond est à claire-voie et qui par suite forme égouttoir.

Les laveurs continus (*fig.* 154) consistent généralement en un cylindre à jour baignant, comme dans le système précédent, dans une auge pleine d'eau. A l'intérieur du cylindre se trouve une vis d'Archimède qui entraîne, en les remuant, les racines à laver, puis qui les rejette au dehors dans un couloir servant d'égouttoir. Lorsque le parcours du cylindre ne suffit pas pour le lavage complet, on tourne la vis en sens contraire ; on prolonge ainsi le séjour des racines dans l'eau pour en obtenir le nettoyage parfait. Un filet d'eau propre, qui coule continuellement dans l'appareil, remplace une quantité correspondante d'eau sale. La vase et la terre s'écoulent par un orifice à la partie inférieure.

Les laveurs de grande longueur sont préférables parce que leur parcours suffit pour le lavage ; ils permettent d'introduire continuellement, au fur et à mesure du mouvement, des racines dans le cylindre, puisque celles qui s'y trouvent déjà sont continuellement évacuées à mesure du lavage. Ils tournent généralement de dix-huit à vingt-cinq tours à la minute, suivant les dimensions. Leur diamètre varie entre 0^m,60 et 0^m,75, et leur longueur entre 1^m,50 et 3 mètres.

Appareils à cuire. — Certains animaux de ferme, les porcs par exemple, réclament des aliments cuits, et une ferme bien agencée doit comporter un appareil pour cuire ces aliments, et produire à l'occasion l'eau bouillante, dont on a souvent besoin. Chez les cultivateurs, les *breuvages* et autres nourritures sont simplement cuits dans un chaudron en fer, chauffé à feu nu; mais ce procédé est insuffisant dans les grandes exploitations, où les bestiaux sont nombreux, et il est nécessaire d'employer des appareils spéciaux dans lesquels la cuisson est faite à feu nu ou à la vapeur. Les modèles les plus simples, chauffés directement, sont composés d'une vaste marmite, installée à poste fixe dans un massif en maçonnerie, et entourée d'une enveloppe de fonte où circulent les gaz chauds de la combustion. Cette marmite est fermée par un couvercle, et la cuisson y est effectuée par la vapeur produite pendant l'ébullition. Mais ce dispositif, dont l'usage est incommode, surtout pour le chargement et la vidange, est moins usité que celui comportant un foyer avec bouilleur; les matières à cuire sont empilées sur une claie au-dessus du foyer. Un robinet sert à l'écoulement de l'eau; un verrou, que l'on retire à volonté, permet de basculer la chaudière et d'en déverser le contenu dans le récipient qui doit servir à le transporter aux mangeoires.

Les appareils pour cuire à la vapeur (*fig.* 153) se composent de deux parties distinctes : le générateur avec sa cuve d'alimentation et la marmite de cuisson. Le générateur doit comporter tous les organes de sûreté réglementaires, imposés pour toutes les machines à vapeur : soupapes de sûreté, manomètre, tube de niveau, etc., et il comporte une pompe alimentaire aspirant l'eau dans un réservoir pour la déverser dans une cuve chauffée par un courant de vapeur. La marmite de cuisson renferme une claie qui supporte les matières à cuire et au-dessous de laquelle est un ajutage par lequel arrive le courant de vapeur. Une fois la cuisson terminée, cette marmite peut être basculée pour être vidée plus facilement. Les appareils à cuire à la vapeur se construisent pour des capacités de 40 à 700 litres; ils présentent un inconvénient sérieux qui a amené certains inventeurs à modifier leur disposition. Cet inconvénient réside dans la cuisson inégale des aliments déposés sur la claie, et qui ne sont cuits complètement que dans leur partie inférieure, seule en contact direct avec la vapeur. Dans quelques modèles récents, on a donc fait la marmite en forme de tonneau, cette marmite étant montée sur un arbre creux et recevant d'une vis sans fin un mouvement très lent de rotation. La vapeur arrive par l'arbre creux dans la masse même qu'il s'agit de chauffer; la cuisson s'effectue ainsi très rapidement et d'une façon uniforme. Quand elle est terminée, on laisse échapper la vapeur par un robinet et on évacue les aliments cuits par un autoclave placé sur la marmite, et qui préalablement avait servi à introduire les racines ou tubercules à cuire.

Appareils divers. — Il existe encore quelques appareils isolés, que l'on trouve employés dans les métairies éloignées des centres, et qui ont pour but la préparation de la nourriture des ouvriers travaillant dans les champs ou soignant les bestiaux destinés à l'engraissement. Ces appareils sont les *moulins agricoles* et leurs accessoires, dont nous devons dire un mot avant de clore ce chapitre.

On a construit des moulins à farine sur le modèle des concasseurs ou des moulins à café à noix d'acier, mais on n'a pas tardé à reconnaître que la mouture faite par ce procédé était des plus grossières et que l'instrument se détériorait rapidement en raison de l'échauffement considérable produit par le mouvement de la noix. Il a donc fallu en revenir aux meules en pierre meulière, en tous points semblables à celles employées dans les grands moulins à moteur, ou encore aux broyeurs à battes ou à cylindres dentés ou cannelés. Un dispositif qui a obtenu une certaine vogue est le *moulin Bouchon*, qui peut servir à la mouture du blé ou au concassage des graines, suivant l'écartement des meules, et comporte une petite bluterie que l'on utilise à volonté et qui blute la farine à mesure que la mouture s'opère. Le plus petit modèle de ce genre exige la force d'un homme et moud et blute 20 litres de blé à l'heure avec des meules de 23 centimètres de diamètre. Le grand modèle, actionné par deux hommes ou par manège à un seul cheval, moud et blute de 50 à 70 litres de blé à l'heure avec des meules de 35 centimètres. La perfection de la mouture dans le moulin Bouchon tient à ce que le blé ne parvient entre les meules qu'après avoir été concassé par une noix en fonte blanche qu'il rencontre en descendant de la trémie dans l'œillard de la meule gisante. C'est cette disposition qui permet, malgré le faible

Fig. 155. — Moulin agricole avec bluterie.

diamètre des meules, d'obtenir une farine dont on fait d'excellent pain.

Les *bluteaux* ou *blutoirs* (*fig.* 155) se construisent aussi séparément, et les plus simples ne sont autre chose que des cribles, au moyen desquels on peut isoler le bon grain du mauvais avant de le porter au marché ou au moulin, ou de l'employer pour les semailles. Le moulin à bluter ou à passer sert à séparer le son de la farine, et il se compose de deux parties : un coffre en bois et un cylindre recouvert de soie, monté sur une carcasse hexagonale et traversé dans toute sa longueur par un axe soutenant la carcasse au moyen de croisillons. La farine à traiter est versée dans la partie supérieure du coffre et tombe à travers une anche battante dans le bluteau, qui tourne sur lui-même par une manivelle mue à la main. De petits billots mobiles, passés dans chacun des croisil-

lons du cylindre, et continuellement agités par le mouvement de
rotation de cet organe, empêchent que la farine ne s'agglomère
et la contraignent à s'écouler graduellement à travers la soie qui
la tamise, tandis que le son s'échappe par l'extrémité inférieure
du cylindre opposée à celle par où la farine est entrée. La farine
ainsi blutée est recueillie, une fois l'opération achevée, dans la
partie inférieure du coffre, que l'on doit tenir soigneusement fermé
pour éviter les invasions de souris attirées par la farine. Ces
bluteries, dont les dimensions ne dépassent pas celles d'un buffet
de campagne, sont d'un prix très modéré et font un très bon'travail en fort peu de temps.

VII. — L'HYDRAULIQUE AGRICOLE.

L'eau constitue l'élément le plus indispensable à l'agriculture, qu'il s'agisse de jardinage, de culture potagère ou même d'arboriculture, et il est de toute nécessité, dans toutes les fermes, de disposer d'eau potable pour les hommes et les animaux, sans préjudice de l'eau nécessaire pour les lavages et arrosages. On peut compter sur la dépense journalière moyenne suivante :

De 30 à 40 litres d'eau par personne.
De 40 à 50   —   par cheval.
De 20 à 25   —   par bœuf.
De 2 à 3   —   par mouton.
De 20 à 25   —   par porc.

Et pour les lavages et nettoyages :

40 litres d'eau pour le lavage d'une voiture à deux roues.
70   —   —   à quatre roues.
300   —   pour un bain.
200 à 400   —   pour une lessive.

Il est difficile de déterminer un chiffre pour la quantité d'eau nécessaire aux arrosages ; cependant on peut adopter une moyenne pour l'année : le volume d'eau représenté par le cube de 1 mètre de hauteur sur toute la surface à arroser.

Il y a à considérer dans l'hydraulique agricole deux catégories distinctes d'appareils : ceux servant au transport de l'eau et ceux servant à l'élévation du liquide depuis la source ou le fond du puits jusqu'au sol ou au réservoir. La distribution n'est qu'une phase intermédiaire qui s'effectue par des tuyaux, nous n'en parlerons donc que pour mémoire.

L'appareil de transport de l'eau le plus simple est le *seau* (*fig.* 158), en bois, en zinc, en fer galvanisé, en cuir ou en toile imperméable, qui, agrandi, est devenu le *baril*, puis le *tonneau* et enfin le *réservoir*, cubique ou cylindrique, qui, monté sur un train de roues, permet de transporter facilement de grandes quantités d'eau ou de liquides quelconques. En ajoutant au seau un ajutage particulier, connu sous le nom de *pomme*, on en fait l'*arrosoir* (*fig.* 159); en disposant à l'arrière du tonneau une rampe percée de nombreux trous par lesquels l'eau s'échappe, on a le *tonneau d'arrosage* bien connu.

Le seau peut être utilisé pour l'élévation directe de l'eau, et un homme élève par heure 500 litres d'eau à 10 mètres de haut, en montant un escalier. L'écope à main, sorte de pelle creuse en bois, fait le même travail. En suspendant un seau à l'extrémité d'un levier ou d'une perche dont l'autre bout porte un contrepoids, un homme peut élever de 9 à 10 mètres cubes à 1 mètre par heure. Avec deux seaux équilibrés et un treuil, on peut élever 2 à 3 mètres cubes à 10 mètres de haut dans le même temps.

L'*écope hollandaise* (*fig.* 160), suspendue à trois perches, élève 15 mètres cubes à 1 mètre à l'heure; les différentes roues, à *augets*, à *aubes planes*, à *tympan*, donnent un débit encore plus grand, mais leur usage a presque complètement disparu, et aujourd'hui on ne se sert plus que de pompes, de modèles appropriés à chaque circonstance, pour tous les services de l'hydraulique agricole. Nous passerons donc en revue, dans ce chapitre, les différents systèmes actuellement en usage, et notamment les *pompes aspirantes et foulantes*, les *pompes à chapelet* et *norias*, et les *pompes à action directe*, *rotatives* et *centrifuges*.

Les pompes peuvent être aspirantes ou foulantes, ou à la fois aspirantes et foulantes. C'est une simple question de disposition de soupapes. Ces appareils se composent d'un cylindre creux ou *corps de pompe*, terminé par le tuyau d'aspiration, et contenant un piston mobile. Dans les pompes simplement aspirantes, actionnées à bras à l'aide d'un balancier ou d'un volant à manivelle, l'aspiration se produit quand le piston s'élève, et l'eau remplit le corps de pompe en passant à travers la soupape inférieure, qui retombe ensuite quand le piston redescend. La colonne d'eau est ainsi élevée jusqu'à une hauteur où elle fait équilibre à celle de l'atmosphère, c'est-à-dire $10^m,33$, théoriquement, car en pratique on ne peut guère dépasser 7 à 8 mètres d'aspiration verticale; cette eau s'écoule hors de la pompe par un bec déversoir, fixe ou mobile, sous lequel on place le récipient à remplir.

Les *pompes aspirantes* (*fig.* 156 à 164) affectent de nombreuses dispositions : on les munit de pattes pour les fixer verticalement en applique, ou d'une base pour être montées sur semelles. On les monte également sur trois pieds articulés permettant de faire varier la hauteur. Leur débit horaire atteint de 1 mètre à 20 mètres cubes, suivant dimensions. Elles se construisent pour toutes sortes de liquides; on les adapte même à des tonneaux pour la distribution des engrais liquides et des purins. Enfin, ce modèle, dont l'installation, la visite et l'entretien sont simples, peut s'employer encore pour les épuisements, et il comporte alors deux corps de pompe. Le balancier possède deux poignées sur lesquelles agissent les hommes. Pour les pompes puissantes ce balancier est actionné par un moteur.

Les pompes simplement *foulantes* n'ont pas de tuyau d'aspiration; elles sont placées directement dans le liquide à élever. Le corps de pompe contient deux soupapes dont le milieu est relié à une tubulure portant le piston. Lorsque celui-ci s'élève, la soupape inférieure s'ouvre et l'eau remplit le cylindre; cette eau ouvre la soupape supérieure dans le mouvement de descente du piston et va dans le tuyau de refoulement; l'écoulement se fait à l'extrémité de ce tuyau, et l'eau est ainsi conduite au point où elle doit être utilisée. Dans ce but, le tuyau de refoulement se rallonge à volonté à l'aide de tuyaux à emboîtement. Ce genre de pompes peut servir à une foule d'usages et pour tous les liquides; quand la hauteur d'élévation est restreinte, on actionne le piston à force de bras en agissant sur un bras de levier très long, et on chasse de 1 à 3 litres par coup de piston.

Dans le système connu sous le nom de *propulseur*, et qui se compose de plusieurs corps de pompe accolés, le piston portant sa soupape et relié au mouvement par des tiges extérieures, laisse passer l'eau quand il s'abaisse; lorsqu'il se relève, l'eau ouvre une deuxième soupape et pénètre dans le tuyau de refoulement. Le mouvement peut être transmis au balancier à l'aide d'un levier et d'une bielle, au cas où l'appareil se trouve placé plus bas que l'ouverture du puits.

Les pompes foulantes servent pour l'arrosage, et le modèle le plus connu est celui à deux corps de pompe, réservoir d'air et balancier à bringuebales, employé par toutes les compagnies de pompiers pour l'extinction des incendies.

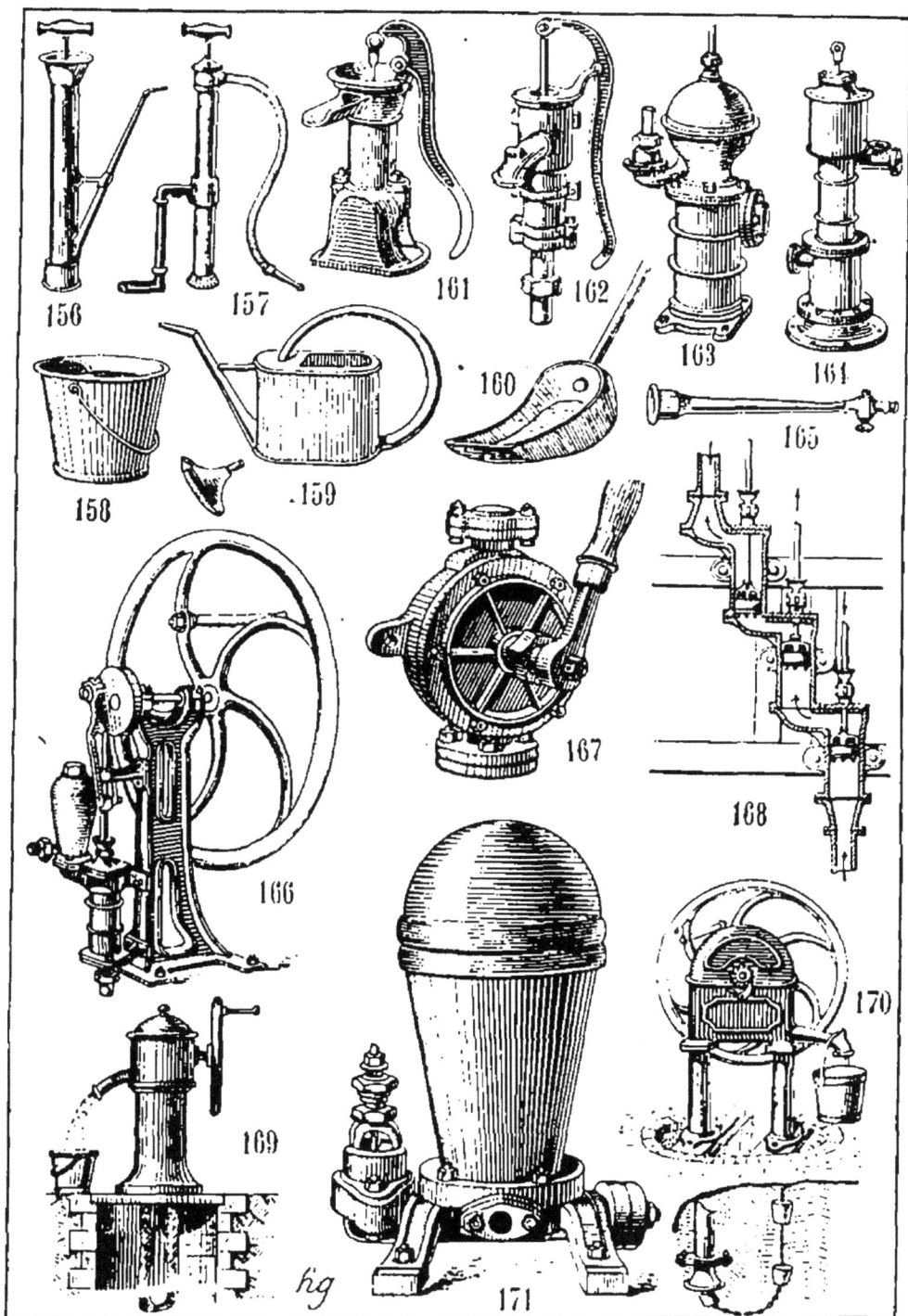

Fig. 156 à 171. — HYDRAULIQUE AGRICOLE.

156, 157, Pompes à main, pour jardinier. — 158, Seau. — 159, Arrosoir et pomme.
160, Écope. — 161, Pompe à cuvette. — 162, Pompe-applique. — 163, Pompe-siphon. — 164, Pompe
Beaume. — 165, Lance d'arrosage. — 166, Pompe aspirante et foulante, à volant. — 167, Pompe
alternative. — 168, Pompe à trois corps, de Beaume [coupe]. — 169, Pompe à sangle pour puits
profonds. — 170, Pompe à chapelet. — 171, Bélier hydraulique Douglas, modèle Herlicq.

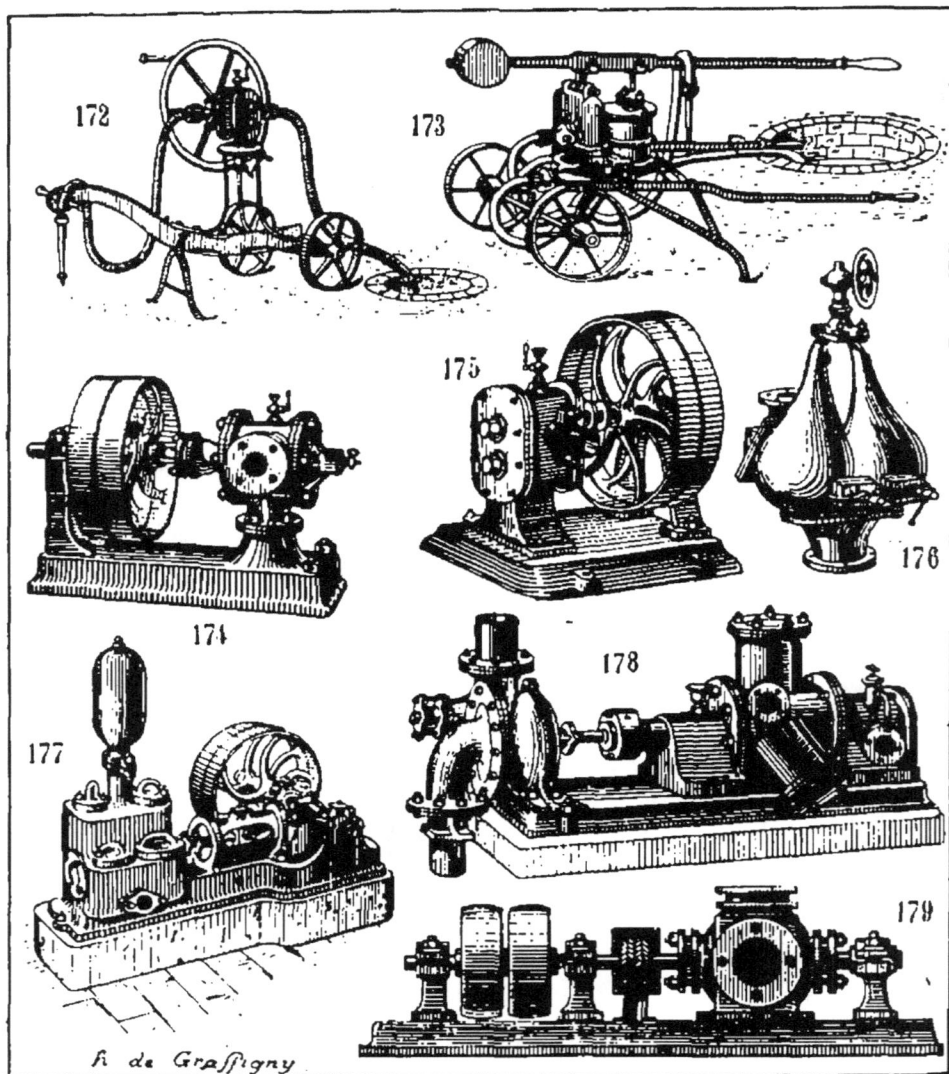

Fig. 172 à 179. — HYDRAULIQUE AGRICOLE (suite).

172, Pompe rotative sur chariot. — 173, Pompe aspirante et foulante, à balancier.
174, 175, Pompes rotatives marchant au moteur. — 176, Pulsomètre. — 177, Pompe à action
directe. — 178, Pompe centrifuge accouplée directement à un moteur à vapeur Brotherbood.
179, Pompe Greindl [coupe].

Les *pompes aspirantes et foulantes* participent des avantages
des deux systèmes que nous venons de décrire : elles aspirent
jusqu'à 7 ou 8 mètres de profondeur et peuvent refouler à une distance qui n'est limitée que par l'effort exercé sur le piston. Le
modèle le plus simple est la pompe à main du jardinier, très utile

pour l'arrosage des plantes; mais il existe de nombreux dispositifs
de cette pompe, à un ou plusieurs corps verticaux ou horizontaux,
mus à bras par un levier ou un volant à manivelle, ou actionnés
par un moteur quelconque dans les types de grande puissance
servant aux élévations d'eau à grande hauteur et aux épuisements.

Les *pompes à chapelet (fig.* 170) et les *norias*, construites
maintenant avec grand soin par des constructeurs possédant une
sérieuse expérience de ce genre de machines, rendent de très réels
services dans toutes les exploitations rurales; aussi sont-elles
aussi répandues que les pompes aspirantes ou foulantes, partout
où il y a de l'eau à élever et à distribuer. La pompe à chapelet se
compose d'un tube vertical terminé par un entonnoir; dans ce tube
se meut une chaîne garnie de tampons en caoutchouc à frottement doux dans le tube. A la partie supérieure, la chaîne s'en-
roule autour d'une poulie à empreintes qui lui donne le mouvement, et qui se trouve montée sur un arbre portant un volant à
manivelle. Le tout est monté sur un bâti ou sur une colonne. Pour
les grandes profondeurs, les pompes à bras sont pourvues d'engrenages qui permettent à un homme de les actionner sans fatigue
exagérée. Ce genre de pompes convient pour tous liquides, même
épais et boueux, à condition de remplacer les tampons de caoutchouc par des culots de fonte. A sa partie supérieure, la chaîne
aboutit à un déversoir qui conduit le liquide dans un récipient
quelconque où on le puise suivant les besoins. Afin d'éviter de
tourner le volant en sens contraire, l'arbre est muni d'un rochet.
Lorsque le puits est surmonté d'un réservoir, la commande se fait
soit directement par courroie, soit par engrenages. La gelée n'est
pas à craindre pour ce genre d'appareils, car les tampons ne sont
jamais assez hermétiques pour retenir entièrement l'eau, et le
tube se vide quelques instants après qu'on a arrêté le mouvement
du volant. Les pompes à chapelet peuvent être rendues locomobiles quand elles ont à faire le service de plusieurs puits; on les
monte alors sur un bâti roulant, mais les tubes sont fixes dans les
puits, et le mouvement locomobile vient se raccorder avec l'extrémité du tube par lequel doit s'opérer la montée de l'eau. Le diamètre de ce tube varie entre 40 et 120 millimètres, et le débit, pro-
portionnel à la section du tuyau, atteint, suivant les dimensions,

de 4 à 40 mètres cubes à l'heure. Le débit est, naturellement, doublé ou triplé suivant qu'il y a deux ou trois tubes, les pertes par défaut d'étanchéité des tampons n'étant que de 1/10 à 1/6. La puissance motrice à développer dépend de la hauteur d'élévation, et le rendement mécanique varie entre 40 et 75 pour 100. Mais plus la profondeur augmente et plus la section des tuyaux doit être faible, ce qui nécessite une vitesse de marche plus rapide pour diminuer les fuites; cependant il est bon de ne pas dépasser 40 mètres d'élévation, afin de ne pas abaisser outre mesure le rendement.

La noria est une chaîne à godets métalliques, d'une capacité allant de 10 à 25, et même 50 litres dans les installations importantes. Ce système convient mieux que la pompe à chapelet pour les grands débits, et il est le plus souvent commandé par un manège. Sa marche doit être assez lente, pour éviter le balancement de la chaîne, qui cause une perte d'eau ; le rendement, qui peut atteindre 70 et même 80 pour 100, est d'autant plus élevé que la hauteur est considérable. Le débit des norias varie, suivant leurs dimensions, entre 10 et 100 mètres cubes par heure. Elles conviennent pour tous les liquides.

On désigne sous le nom de *pompes à action directe* (*fig.* 177) les pompes montées sur le même bâti que le mécanisme moteur qui les actionne. Ce sont ordinairement des pompes aspirantes et foulantes dans lesquelles la tige du piston n'est autre que le prolongement de la tige du piston d'une machine à vapeur à distribution automatique, et où l'ouverture des valves d'admission et d'échappement est commandée par des butées poussées par le piston de la pompe. Il existe de nombreux dispositifs de pompes basées sur ce principe; les types de Worthington, de Burton sont bien connus, et ils ne diffèrent entre eux que par les détails d'agencement des pièces et le mode de commande des tiroirs. Elles se font à détente et à condensation, et dans ce dernier cas l'eau élevée par la pompe sert au refroidissement, la vapeur sortant du cylindre étant envoyée dans l'eau à l'intersection du tuyau d'aspiration, à travers une tubulure disposée à cet effet.

Les pompes à action directe peuvent s'installer partout, et il suffit de les relier par une tuyauterie souple à un robinet de prise de vapeur sur un générateur quelconque. Elles se construisent de toutes dimensions, jusqu'à des débits de 200 mètres cubes d'eau à l'heure, et elles peuvent refouler à toutes les hauteurs. On a également établi des appareils à action directe comportant, au lieu d'une pompe à piston, une pompe centrifuge accouplée directement sur l'arbre d'une machine à vapeur à grande vitesse (*fig.* 178) ou d'une dynamo à courant continu recevant son courant d'une génératrice placée dans une station d'électricité. La maison Dumont a construit ainsi des pompes électriques de toutes puissances et qui, *conjuguées* (associées l'une à l'autre, l'eau refoulée par la première étant envoyée dans le tuyau d'aspiration de la seconde, et ainsi de suite), peuvent élever l'eau jusqu'à 60 mètres.

Pompes rotatives. — Au lieu d'un mouvement alternatif rectiligne, le piston de ces pompes est animé d'un mouvement circulaire continu. Elles ont été très étudiées, et il en existe de nombreux modèles, tels que ceux de Behrens, de Beaume, etc. Les unes consistent en un cylindre avec un arbre excentré portant un disque à palettes mobiles dans des coulisses et disposées de telle façon que dans leur mouvement de rotation elles engendrent un volume croissant du côté de l'aspiration et décroissant du côté du refoulement; l'eau se trouve ainsi attirée puis chassée avec force. L'ensemble du mécanisme, affectant l'aspect d'une boîte en fonte ou en tôle fermée par des écrous, est établi sur un socle fixe ou sur un plateau à applique, ou bien encore sur un chariot à deux ou à trois roues (*fig.* 172 à 175).

Dans certains systèmes le mouvement de rotation est donné par un levier à action circulaire alternante, tandis que dans d'autres il est transmis par un volant à manivelle. On supprime quelquefois les palettes et le fonctionnement s'opère par le jeu de secteurs mobiles tournants, ou bien encore la pompe comporte deux arbres sur lesquels sont fixés des disques à dents d'une forme particulière, garnies de caoutchouc ou de cuir. L'eau passant entre ces disques se trouve refoulée énergiquement; aussi ces pompes conviennent-elles surtout pour les grandes hauteurs; elles n'ont qu'un inconvénient résultant de leur construction : elles sont sujettes à de fréquentes réparations. Cependant, on peut dire qu'en général les pompes rotatives sont avantageuses par suite de leur grand rendement et de leur faible encombrement en rapport avec leur puissance; aussi sont-elles très répandues pour les usages de la culture, qu'elles soient actionnées à force de bras ou par un moteur.

Pompes centrifuges. — Ce type de pompes (*fig.* 180 à 183) rappelle les turbines hydrauliques : elles sont formées d'un disque garni d'aubes courbes à sa circonférence, et tournant à grande vitesse à l'intérieur d'une enveloppe métallique close. Par l'effet de la force centrifuge développée, l'eau tend à s'échapper suivant la tangente du disque, en même temps qu'il se produit au centre une dépression qui produit l'aspiration de l'eau. Ces pompes ont un très grand débit, le courant d'eau est continu et régulier, l'aspiration peut se faire à 7 ou 8 mètres, et le refoulement peut atteindre 18 à 20 mètres; aussi conviennent-elles particulièrement aux épuisements, aux irrigations et à la submersion des vignes. Quand la hauteur de refoulement dépasse 15 à 20 mètres, on conjugue, de la manière que nous avons indiquée plus haut, plusieurs pompes. L'un des meilleurs systèmes de centrifuges, celui qui a reçu certainement le plus d'applications, est celui inventé et construit par la maison Schabaver, et dont nous représentons (*fig.* 180) la coupe intérieure.

Élévation et distribution d'eau. — D'autres appareils que les pompes, mais basés comme celles-ci sur des principes de physique, sont employés pour élever et distribuer les eaux pour la boisson et les usages domestiques dans les fermes et les châteaux. Ces appareils sont le *siphon*, le *pulsomètre* et le *bélier hydraulique*.

Le *siphon* est utilisé pour transvaser les liquides sans le secours d'aucune force mécanique, et par le seul effet de la pression atmosphérique. Son fonctionnement est dû à la différence des pressions que supporte le liquide aux deux extrémités d'un tube recourbé en V à branches inégales, la plus courte plongeant dans le liquide à transvaser, et la plus longue servant à le déverser à un niveau inférieur. L'appareil s'amorce en remplissant le tube, puis en le renversant, ses deux extrémités maintenues bouchées jusqu'à l'immersion de la courte branche; les moyens d'amorçage d'ailleurs varient, et l'on construit des siphons s'amorçant seuls, par différents moyens, sans qu'on ait à les bouger de place. C'est sur-

tout pour les irrigations ou arrosages de terrains placés le long
d'un cours d'eau avec digues et en contre-bas du niveau de l'eau
que l'on emploie le siphon, qui est amorcé alors avec un éjecteur
à vapeur faisant le vide dans la conduite. L'eau ainsi amenée peut
alimenter une pompe distribuant le liquide dans les diverses parties du terrain. Cette méthode, mise en pratique pour la submersion des vignes dans certains pays permettant ce genre d'installation, a donné les meilleurs résultats.

Les *pulsomètres* (*fig.* 176) sont des appareils qui agissent directement par l'effet de la vapeur, sans l'intermédiaire d'aucun mouvement mécanique. Ils se composent de deux cavités closes, en
fonte, présentant la forme de deux poires juxtaposées, d'une
chambre d'aspiration à trois clapets, d'une chambre de refoulement
à deux clapets, d'un réservoir à air et d'une petite chambre de
vapeur contenant une soupape oscillante, s'appliquant à droite
ou à gauche et fermant ainsi la poire correspondante. Si l'effet se
produit, par exemple, sur la poire gauche, la vapeur agit sur l'eau
de celle de droite et l'oblige à soulever la soupape de refoulement
pour se précipiter dans le tuyau ; le niveau de l'eau dans la poire
s'abaisse donc, et à un certain moment la surface de contact de
l'eau et de la vapeur, qui va constamment en s'accroissant, est
telle que la vapeur se trouve condensée et que la pression tombe.
La soupape de vapeur, n'étant plus maintenue, oscille un moment,
puis vient fermer l'orifice de la poire de droite ; la vapeur agit
alors comme elle vient de le faire dans la poire de gauche, en
même temps que, la condensation de la vapeur dans la poire de
droite continuant, il s'y produit un vide relatif. Alors l'eau, pressée
par la pression atmosphérique, soulève le clapet d'aspiration pour
venir remplir la poire de droite ; la poire de gauche est vidée par
le tuyau de refoulement pendant que l'autre se remplit par l'aspiration, et au bout d'un instant la soupape revient fermer l'orifice de gauche en rouvrant l'orifice de la poire de droite remplie
d'eau, sur laquelle la vapeur vient agir de nouveau. Les mêmes
effets se succèdent donc indéfiniment, et le réservoir d'air n'a
qu'un but, celui d'éviter, comme dans les pompes à piston, les
chocs qui résulteraient de l'arrivée brusque de l'eau dans le vide
créé par la condensation de la vapeur.

Tel est, en principe, le fonctionnement du pulsomètre, qui pré-

180. — Pompe centrifuge Schabaver [coupe].

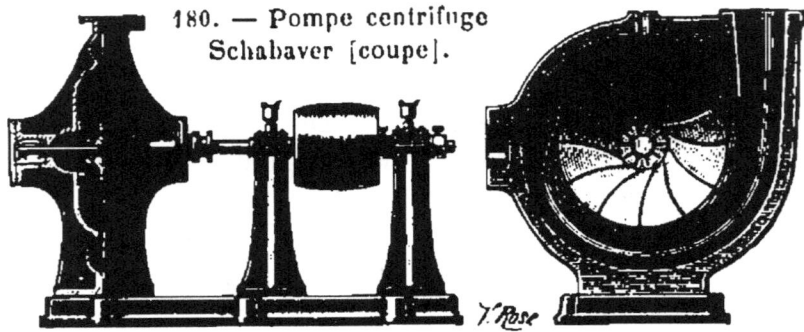

181. — Pompe centrifuge.

182. Accouplement électrique.

Fig. 180 à 182. — POMPES CENTRIFUGES. POMPE ÉLECTRIQUE.

sente sur les pompes l'avantage de ne comporter aucune pièce mécanique sujette à usure ou à détérioration. La soupape de vapeur est en métal et les clapets en caoutchouc ou en métal, suivant la nature des liquides à élever ; cependant, on les remplace dans certains cas par des soupapes à boulet, pour les liquides épais. L'aspiration peut s'effectuer jusqu'à 6 ou 7 mètres, mais il est préférable de la limiter à 3 ou 4 mètres lorsque cela est possible ; quant à la hauteur de la colonne de refoulement, elle se trouve limitée un peu au-dessous de la pression de la vapeur, mesurée par son équivalent en mètres d'eau. Le pulsomètre doit être pourvu d'un *reniflard*, au moyen duquel on règle la quantité d'air à laisser pénétrer suivant la hauteur de la colonne d'aspiration, pour diminuer le choc de l'eau à l'arrivée. L'eau élevée s'échauffe au contact de la vapeur, mais on a constaté qu'elle ne gagnait pas plus d'un degré par 5 mètres d'élévation.

On fait généralement fonctionner le pulsomètre avec la vapeur provenant d'un générateur spécial ; on le fait aussi marcher par l'échappement d'une machine quand l'élévation est de faible hauteur ; il est ainsi plus économique, car il ne faut pas oublier que cet appareil consomme beaucoup plus de vapeur pour un cube d'eau déterminé qu'une pompe accouplée à une machine à vapeur. L'usage du pulsomètre présente cependant des avantages dans certains cas et il demeure assez usité pour des débits allant jusqu'à 500 mètres cubes par heure. Pour les grandes élévations, on conjugue deux pulsomètres : l'un refoulant dans l'autre, le nombre de pulsations varie suivant l'élévation, pourtant il demeure très régulier, ce qui permet d'atteindre de très hauts rendements.

Quand un pulsomètre travaille dans un puits, on peut le suspendre simplement à un cordage ou à une chaîne ; on peut ainsi le descendre ou le remonter facilement et suivant les nécessités de l'opération.

Bélier hydraulique. — Cet appareil, imaginé par Montgolfier, l'immortel inventeur des aérostats, a été très heureusement perfectionné par les constructeurs dans le courant de ces dernières années, et les béliers Douglas, de Beaume, d'Aubry, parmi les plus connus, ont reçu de nombreuses applications. Le bélier hydraulique fonctionne automatiquement, et, placé en contre-bas du niveau de provenance, il utilise les eaux des sources, des ruisseaux, des étangs, et en élève une partie à une hauteur d'autant plus considérable que la différence de niveau entre la source et le bélier est plus grande. Il marche donc sans surveillance et sans le secours d'aucune force motrice étrangère.

L'eau, arrivant sous pression de la chute, pénètre dans le bélier en soulevant un clapet par sa force vive et s'y emmagasine jusqu'à une certaine hauteur ; quand le clapet retombe, la colonne d'eau, subitement arrêtée dans son mouvement, réagit sur les parois de la conduite, soulève une soupape et s'échappe. A chaque coup de bélier une certaine quantité d'eau pénètre donc dans le réservoir de refoulement en y comprimant l'air ; l'eau refoulée s'échappe ensuite par un tuyau pour se déverser à la partie supérieure.

Un bélier hydraulique (*fig.* 172) peut s'installer partout où il existe une chute ou une pièce d'eau, et il peut fonctionner avec une différence de niveau de 20 centimètres seulement. Le tuyau d'amenée doit avoir de 15 à 20 mètres de longueur, sinon il faut augmenter la longueur de ce tuyau en l'enroulant en spirale. Le rendement moyen d'un bélier est de 70 pour 100 de la puissance motrice, c'est-à-dire qu'une chute de 1 mètre de hauteur débitant 50 litres par seconde donnera un débit de $\frac{50 \times 0.7}{10} = 3$ lit., 5 à 10 mètres de hauteur de refoulement.

Dans les parcs et les jardins comme pour le service des habitations, la distribution de l'eau est assurée par un château d'eau ou un réservoir placé sous le comble de la maison, et d'où partent les conduites desservant les robinets et les bouches de prise au dehors. Cette disposition présente de graves inconvénients : les châteaux d'eau sont coûteux, d'un aspect toujours peu décoratif, et leur pression est insuffisante à moins de les faire très élevés. Les réservoirs disposés sous les combles donnent une eau toujours insalubre, qui s'échauffe en été, gèle en hiver, déborde souvent et cause des dégâts. Il est donc compréhensible que les constructeurs aient cherché de meilleurs procédés, et nous devons citer le système de réservoir-élévateur de Carré, l'appareil Tellier et le siphon-élévateur Lemichel parmi les dispositifs récents qui ont donné les résultats les plus satisfaisants à cet égard et suppriment tous les défauts des précédents.

Le réservoir-élévateur Carré peut s'installer à la cave, au sous-sol ou au rez-de-chaussée ; il donne à l'eau la pression voulue dans tous les endroits où cette pression est nulle ou insuffisante ; enfin, il la régularise dans toutes les conduites pour le service d'incendie, d'ascenseurs, d'arrosage, dans les exploitations agricoles et dans toutes les propriétés à la campagne. Aussi l'État, la Ville de Paris et de nombreux industriels et agriculteurs ont-ils adopté ce système.

Voici la description de l'appareil Tellier :

Appareil Tellier. — Le toit d'une construction légère, poulailler, grange, etc., est composé de plaques métalliques formées par l'assemblage de deux feuilles de tôle rivées sur toute leur périphérie et maintenues écartées de quelques millimètres par des entretoises. Chacune de ces plaques constitue donc un récipient étanche, dans lequel on peut enfermer un liquide volatil, tel que la dissolution ammoniacale du commerce dont on peut graduer à volonté la richesse, et, par suite, la tension. Sous l'influence de la chaleur atmosphérique, cette solution émet des vapeurs qui s'échappent par les tubes surmontant chaque plaque et se réunissent à un tuyau de plus grand diamètre formant collecteur et se rendant à un récipient sphérique placé dans le puits d'où l'eau doit être extraite. Cette sphère creuse contient un diaphragme en caoutchouc qui peut s'appliquer tantôt sur l'un des hémisphères intérieurs, tantôt sur l'autre.

Si nous supposons cette sphère pleine d'eau, le diaphragme sera appliqué sur l'hémisphère supérieur ; en laissant agir le gaz ammoniac arrivant du réservoir avec une pression de 3 ou 4 atmosphères, le diaphragme sera repoussé, et l'eau de la sphère expulsée et refoulée dans la conduite de distribution. Pour que l'opération se répète, il faut chasser le gaz remplissant la sphère : cet effet est obtenu par le jeu d'un tiroir monté sur une tige à flotteur et actionnant le diaphragme ; une des ouvertures du tiroir commande l'introduction du gaz, l'autre l'échappement. Mais cet échappement ne s'effectue pas à l'air libre ; le gaz ammoniac étant coûteux, doit être recueilli pour servir à nouveau et indéfiniment. On arrive à ce résultat en utilisant la température de l'eau que l'on fait circuler dans un serpentin renfermé dans un vase étan-

POMPES, ETC. 147

che, lequel vase contient une partie de la solution ammoniacale employée. Lorsque la solution est refroidie, elle redevient avide d'ammoniaque ; dès lors, aussitôt que l'échappement s'ouvre, le gaz ammoniac conduit par un tube plongeur est absorbé, la pression qui existait dans la sphère disparaît et l'eau peut la remplir de nouveau.

Un appareil d'essai, de 10 mètres carrés de surface de plaques, installé à Auteuil par l'inventeur, élevait 1 200 litres d'eau par heure à 7 mètres de hauteur, et eût pu élever 3 000 litres puisés à une profondeur de 20 mètres. Le rendement peut être calculé d'après l'absorption de chaleur solaire, réalisable par une feuille métallique de 1 mètre carré de surface. Cette utilisation n'est pas moindre de 11 calories par heure, par un ciel clair d'été, et pour une différence de 1 degré de température. En n'utilisant que 8 degrés d'écart, ce sera 88 calories par mètre carré qu'on utilisera, et, en combinant cette quantité de chaleur avec l'action frigorifique de l'eau, il devient facile, par les différences de tension produites, d'obtenir l'élévation à peu de frais de grandes masses d'eau, par une action automatique n'exigeant aucune surveillance. Cette combinaison peut donc rendre les plus grands services en agriculture, et nous devions la signaler au même titre que les autres procédés de transport, d'élévation et de distribution d'eau à la campagne.

VIII. — LES MOTEURS AGRICOLES.

Une grande partie des instruments, machines et appareils passés en revue au cours de ce volume exigent le concours d'une force étrangère pour fonctionner. Il a donc fallu combiner des moteurs spéciaux pour les usages de l'agriculture, et les ingénieurs ont tâché d'utiliser surtout les sources d'énergie naturelle gratuites telles que les torrents, les cours d'eau et le vent. Nous étudierons ici tous les procédés pratiqués actuellement dans les exploitations agricoles pour animer les diverses machines traitant les récoltes ou préparant les aliments des bestiaux, en suivant toujours la gradation du simple au composé, adoptée pour nos descriptions.

Les moteurs agricoles peuvent être classés comme suit :

1º Moteurs animés : homme travaillant sur une manivelle, des leviers ou des pédales. — Animaux traînant des appareils roulants ou actionnant des manèges.
2º Moteurs hydrauliques. Roues et turbines. Transmission de la force à distance par l'électricité.
3º Moulins à vent et turbines atmosphériques.
4º Machines à vapeur fixes, demi-fixes et locomobiles.
5º Moteurs à air chaud, à gaz, à essence, à pétrole lampant, à gaz pauvres.

L'homme en tant que moteur tend à disparaître, car l'énergie qu'il développe, quel que soit le bon marché de la main-d'œuvre, est plus coûteuse que celle des machines. Bien que la force musculaire puisse être appliquée d'une foule de manières différentes : en poussant ou en tirant, soit verticalement soit horizontalement, bien que l'homme moteur puisse agir, soit par son poids, comme sur les roues à chevilles, soit en gravissant un escalier ou un plan incliné, en agriculture il n'est guère employé qu'à tourner la manivelle d'un outil quelconque. Or, l'expérience a démontré qu'un homme, travaillant pendant huit heures de cette façon, fournissait 172 000 kilogrammètres, ou 6 kilogrammètres par seconde, tandis qu'il produit dans le même temps 280 000 kilogrammètres ou 9 kilogrammètres par seconde en montant les échelons d'une roue à chevilles, ce qui permet de conclure qu'il serait préférable, quand on veut faire de l'homme un moteur, de le transformer simplement en écureuil et le faire travailler à la simple élévation de son corps comme dans les *treadmills* anglais — ce qui ne serait guère humain, on en conviendra.

De plus, cette utilisation de l'homme serait peu économique, même dans les meilleures conditions. Un manouvrier employé à tourner la roue est payé au minimum 1 fr. 50 pour une journée de dix heures, au cours de laquelle il aura produit une somme totale de :

$$6 \times 3\,600 \times 10 = 216\,000 \text{ kilogrammètres.}$$

Or, une machine à vapeur de 1 cheval travaillant pendant cinquante minutes développe 22 000 kilogrammètres pour une dépense de 15 centimes, soit dix fois moins cher. Un moteur à essence (gazoline) de 1/10 de cheval, fonctionnant dix heures consécutives, consomme un peu plus de 1 litre d'essence pour produire 260 000 kilogrammètres, qui coûtent 50 centimes au plus, huile de graissage des pièces comprise.

On conçoit donc que devant les progrès de la mécanique l'homme moteur, le tourneur de roue, a dû disparaître presque complètement. Les chevaux et les bœufs, bien que moins coûteux, ne peuvent pas non plus lutter au point de vue économique contre les machines, car leur nourriture coûte plus cher que le charbon.

Manèges. — Il existe deux sortes de manèges utilisant la force motrice des animaux : le *manège circulaire* et celui à *plan incliné* ou *trépigneuse*. Dans le premier, l'animal moteur est attelé par un brancard, ou mieux, par des traits, à un bras s'articulant sur un système de roues d'engrenages combinées pour donner à l'arbre de transmission la vitesse nécessaire à la commande des appareils à actionner. Ces manèges se font *en terre* ou *en l'air ;* dans la première disposition, l'arbre passe au niveau du sol, ou même dans une rigole, et communique souterrainement le mouvement aux appareils, à l'aide de poulies et d'une transmission intermédiaire, ou encore d'un joint articulé à la Cardan permettant de transmettre le mouvement de rotation quel que soit l'angle des deux parties de l'arbre, pourvu toutefois que cet angle ait plus de 90°. Dans les manèges *par terre*, l'arbre est posé sur le sol et recouvert d'un plancher formé de deux plans inclinés sur lesquels passe l'attelage à chaque tour de piste; enfin, dans les manèges *en l'air*, le mouvement est transmis par un arbre et une courroie passant en l'air, à une hauteur suffisante au-dessus de la piste pour ne pas gêner les animaux attelés. L'arbre tourne entre des paliers fixés à un portique. La transmission s'effectue par engrenages d'angle ou par poulies et courroies; elle comporte une roue à rochet et un cliquet empêchant le mouvement en arrière en évitant toutes chances d'accident au cas d'un arrêt brusque de l'attelage.

Les manèges se construisent *fixes*, *demi-fixes* ou *locomobiles* : ils sont *locomobiles* quand ils sont montés sur roues pour le transport; dans ce cas, au moment de les mettre en action on assujettit fortement les roues, alors, tout l'effort se portant sur les essieux, ceux-ci doivent présenter la plus grande solidité. On peut les rendre également *demi-fixes* en enlevant les roues; le bâti est alors posé sur le sol auquel on le fixe solidement à l'aide de forts crampons. Quant au type *fixe*, il est ordinairement scellé dans une maçonnerie et ne se démonte jamais.

Il est bon de donner de grandes dimensions à la première roue d'engrenage, qui doit subir tous les chocs du démarrage et les coups de collier. La flèche d'attelage doit être faite en bois, afin de présenter plus de flexibilité, et d'une section allant en diminuant progressivement jusqu'à l'extrémité. Sa longueur moyenne est de 4 mètres, de façon à obtenir la vitesse voulue, les animaux marchant au pas, et les engrenages étant calculés en conséquence. La vitesse est de 90 centimètres par seconde pour les chevaux, de 60 centimètres pour les bœufs.

Dans les manèges circulaires, l'effort moyen est de 45 kilogrammes pour un cheval et de 60 pour un bœuf, ce qui, combiné avec la vitesse sus-indiquée, représente un travail de 40 kilogrammètres par seconde pour un cheval et 36 pour un bœuf. Le rendement atteint 70 et même 75 pour 100.

Le *manège à plan incliné* ou *trépigneuse* (*fig.* 183) consiste en un tablier articulé en bois, formant plan incliné, et monté sur une série de galets roulant dans des fers cornières. L'inclinaison sur l'horizontale est d'environ 15°. Le cheval, enfermé dans une cage à claire-voie, marche sur ce tablier sans fin qui se dérobe et descend sous ses pieds, et il entraîne ainsi un tambour sur l'axe duquel sont montés la poulie ou les engrenages de commande des appareils à actionner. Le plus souvent la transmission se fait par poulies et courroies. La vitesse est réglée au moyen d'un frein agissant sur la poulie-volant et qui est commandé par un régulateur à boules. Le rendement de ce système est bien supérieur à celui du manège circulaire, car il atteint 80 pour 100 de la force développée, quand l'appareil est bien construit. Certains constructeurs, MM. Fortin, de Montereau, et Wintenberger, de Frévent, se sont fait une spécialité de ce genre de machines,

Fig. 183. — Manège à plan incliné ou trépigneuse.

qui ne présentent qu'un inconvénient, dû à leur principe même, celui de fatiguer beaucoup et assez rapidement les animaux moteurs.

Moteurs hydrauliques. — Partout où il existe de l'eau courante, on peut installer des moteurs très économiques, transformant gratuitement en énergie mécanique la pesanteur ou la vitesse de l'eau. Les appareils servant à opérer cette transformation sont les roues et les turbines, dont il existe de très nombreux systèmes.

Les roues hydrauliques présentent ordinairement un grand diamètre et sont construites en bois ou en métal. Leur circonférence est garnie de palettes en saillie, ou de coquilles creuses, comme dans le système Poncelet à palettes courbes. Quelquefois aussi elles sont composées de deux disques évidés au centre et supportés par des bras, et entre lesquels sont disposés des augets où l'eau venant d'un niveau supérieur s'emmagasine pour produire la rotation par son poids. Suivant le côté par où arrive l'eau, les roues hydrauliques sont dites *en dessous, en dessus* ou *de côté; à coursier vertical* lorsque la vanne qui règle la quantité d'eau tombée

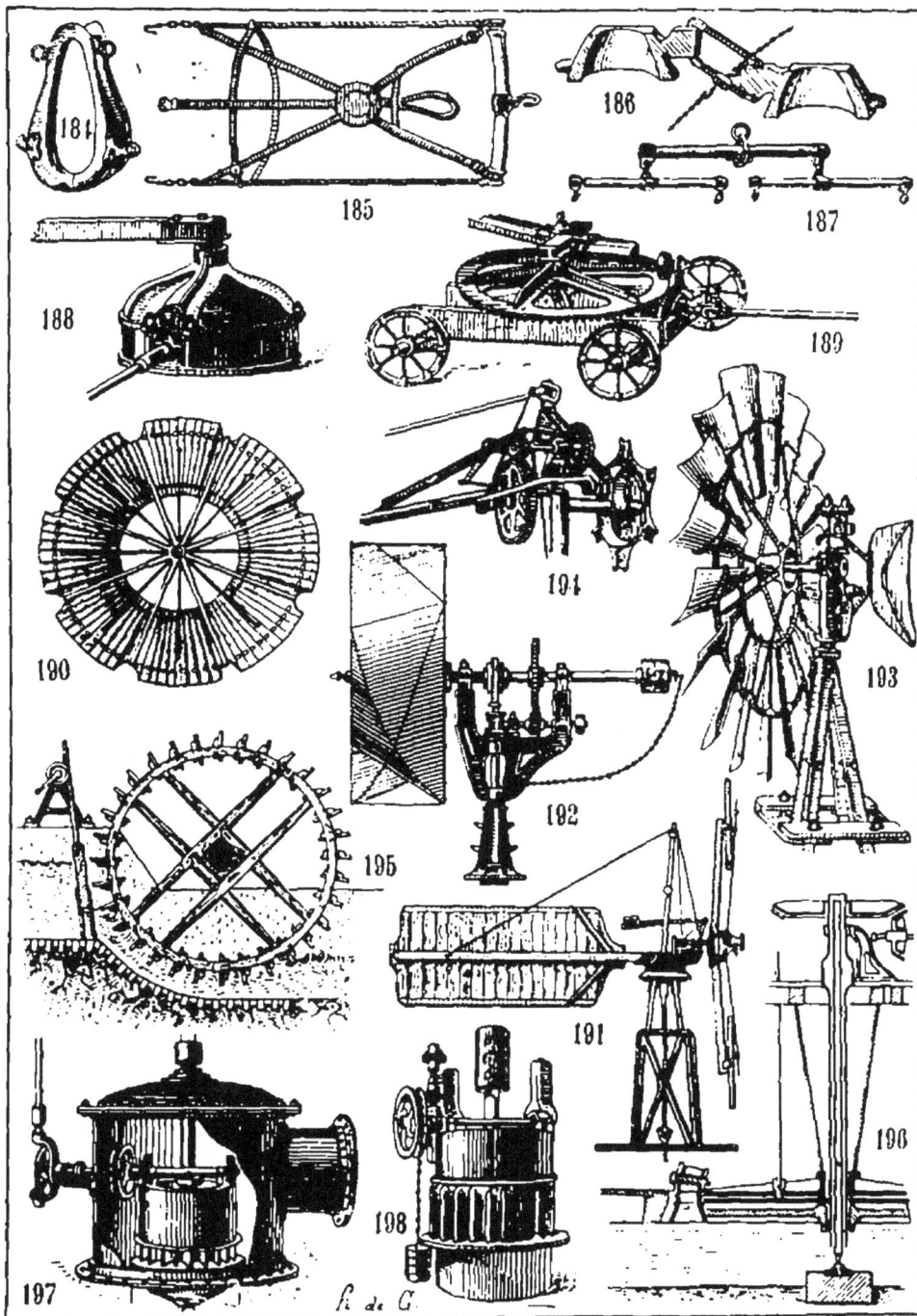

Fig. 184 à 198. — MOTEURS AGRICOLES.

184, Collier métallique. — 185, Harnais agricole Bajac. — 186, Jougs couplés pour bœufs.
187, Volée d'attelage pour deux chevaux. — 188, Manège fixe, à cloche. — 189, Manège locomobile
de Bajac. — 190, 191, Moulin automobile Halladay, construction Schabaver. — 192, Turbine
atmosphérique Dumont. — 193, Moulin à vent, l'*Aermoteur* de Beaume. — 194, Mécanisme du
même. — 195, Roue hydraulique à palettes, à coursier circulaire. — 196, Turbine Fontaine (coupe).
197, Turbine *Normale*. — 198, Turbine américaine *Hercule-Progrès*, de Singrün frères.

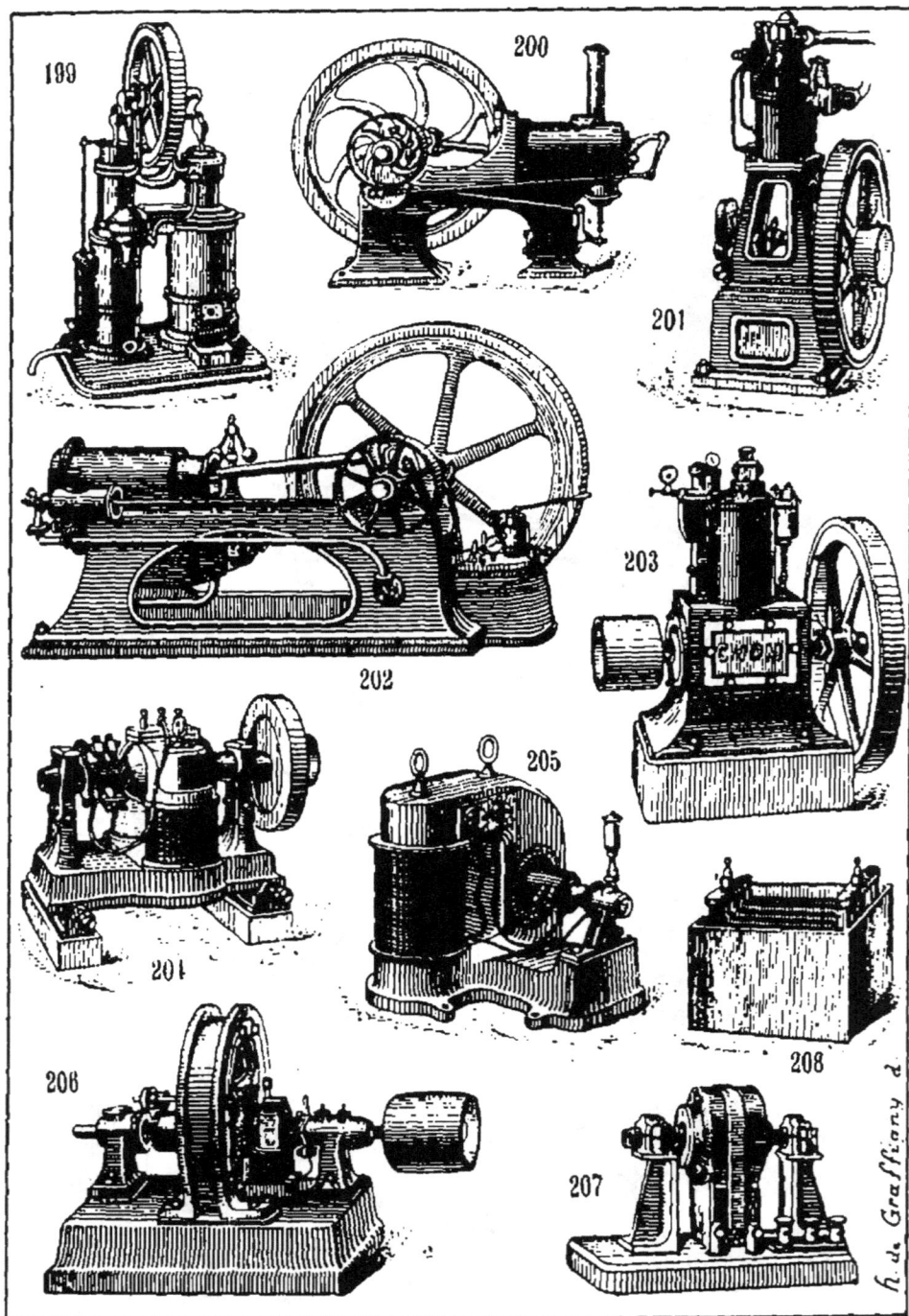

Fig. 199 à 208. — MOTEURS AGRICOLES (suite).

199, Moteur à air chaud, de Rider. — 200, Moteur à gaz *Midland*. — 201, Moteur à pétrole *Capitaine*, de Kerlicq. — 202, Moteur à pétrole Priestman. — 203, Moteur à pétrole *Gnome*. 204, 205, Moteurs électriques à courant continu. — 206, Moteur électrique à courants alternatifs simples. — 207, Moteur à courants alternatifs triphasés. — 208, Accumulateur électrique.

est disposée verticalement, *à coursier circulaire* lorsque le lit d'aval suit la courbe de la roue, *à coursier horizontal* ou *oblique* quand l'eau coule sur un fond horizontal ou oblique, etc.

On ne construit plus guère de roues hydrauliques, maintenant que les turbines sont arrivées à un point de perfection tel qu'elles fournissent un rendement très supérieur, avec davantage de simplicité. Les roues sont d'ailleurs volumineuses et d'un prix élevé, leur vitesse de rotation est considérable, et tous ces inconvénients les font de plus en plus délaisser aujourd'hui. Faisons cependant exception pour la *roue-hélice Girard*, disposée verticalement dans un récipient en bois et dont le mouvement est transmis par deux pignons coniques à l'arbre moteur. C'est le dispositif le plus simple de roue hydraulique, et son rendement est bon ; on ne conçoit pas pourquoi elle n'est pas plus répandue.

Turbines. — Une turbine se compose essentiellement d'une roue horizontale à aubes creuses, tournant sous l'eau et mise en mouvement par la vitesse du courant. L'invention est déjà ancienne : les turbines étaient déjà connues vers le milieu du siècle dernier ; mais c'est seulement de nos jours qu'elles ont reçu tous leurs perfectionnements. Les modèles actuels se composent d'une cuve en bois cerclée de fer, ou d'une enveloppe cylindrique en tôle, au fond de laquelle se trouve un plateau en fonte, dont la partie extérieure est fixe et la partie centrale mobile autour d'un axe vertical. L'eau pénètre dans la cuve suivant une direction inclinée à l'axe, et elle s'échappe par la partie inférieure.

Il est fait usage de nombreuses variétés de turbines basées sur le même principe, mais différant par l'agencement des organes disposés pour une hauteur de chute, un débit, une vitesse de rotation et un rendement déterminés. Citons, parmi les modèles les plus appréciés et les plus répandus, ceux de Fourneyron, Jonval, Burdin, Fontaine, Girard, Feray, Thomas, et parmi les modèles américains, l'Hercule-Progrès, construite en France par MM. Singrün frères, la turbine Victor et la *Normale* de MM. Laurent frères et Collot, de Dijon. Les turbines l'emportent beaucoup sur les roues hydrauliques en raison de leur vitesse de rotation plus considérable qui permet de commander directement, sans transmissions intermédiaires, les outils d'agriculture, par l'avantage

qu'elles ont d'utiliser la plus grande partie de la puissance de
l'eau (jusqu'à 85 pour 100), de pouvoir fonctionner entièrement
noyées pendant les grandes eaux et les fortes gelées, enfin d'avoir
un rendement sensiblement égal, en modifiant au besoin l'admission, condition fort importante.

Les dimensions des turbines étant très réduites eu égard à la
puissance qu'elles développent, l'installation en est simplifiée,
ainsi que la conduite et l'entretien; cependant, il faut reconnaitre

Fig. 200. — Turbine perfectionnée de Schabaver.

que ce genre de moteurs est encore peu employé pour les usages
agricoles, sans doute parce que peu de fermes sont bâties auprès
des cours d'eau. Cependant rien ne serait plus facile que d'en-
voyer au loin, sur le lieu d'utilisation même, l'énergie dont on ne
trouve pas l'emploi à l'endroit de la production, et le transport
à distance de la puissance des rivières et torrents a reçu, depuis
l'année 1879, plusieurs applications à l'agriculture. Cette puissance
est transformée en électricité à l'endroit où elle est recueillie.

Lorsque la distance entre l'usine génératrice et les réceptrices
n'est pas très considérable et ne dépasse pas 1 ou 2 kilomètres,
on peut faire usage, comme moteurs, de dynamos à courant continu, mais si cette distance est plus grande, le rendement devient
très mauvais, et les câbles conducteurs du courant très coûteux;
alors l'usage des courants continus devient impraticable, et il

faut employer des moteurs à courant alternatif à haute tension.

Sans entrer dans des détails techniques qui ne seraient pas à leur place ici, disons que l'électricité donne une solution très heureuse du problème difficile du transport à toute distance des forces naturelles gratuites, qui demeureraient inutilisables à l'endroit où elles ont été captées. Le moteur hydraulique, roue ou turbine, est alors employé à actionner une machine dynamo, enfermée dans un petit abri la protégeant, elle et ses accessoires, appareils de mesure, etc., contre les intempéries et les inondations. De cet abri part la ligne de transport, constituée, suivant le cas, de deux ou plusieurs fils de cuivre nus ou recouverts d'isolant, fils dont la section est en rapport avec l'intensité du courant à transporter, et qui sont soutenus sur des isolateurs en porcelaine boulonnés à l'extrémité supérieure de poteaux en bois ou en fer solidement implantés dans le sol. A l'arrivée, ces câbles vont se fixer sur les bornes du moteur électrique, lequel est muni d'une poulie ou d'une roue dentée pour commander les divers outils et machines par courroie ou par engrenages. Le grand avantage de l'électricité réside dans le fait de la divisibilité facile de la force première envoyée par la dynamo génératrice. On peut, en effet, répartir cette énergie sur autant de réceptrices qu'on le désire, et une turbine développant 50 chevaux-vapeur, par exemple, peut alimenter quatre ou cinq réceptrices de 7 à 8 chevaux. Le rendement moyen est de 75 pour 100 avec les courants alternatifs, et de 55 à 60 seulement avec les courants continus.

On a actionné des charrues automatiques, des treuils, des grues, des élévateurs, des machines à battre, des trieurs, des scies pour l'abatage des arbres, par moteurs électriques rendus locomobiles par leur montage sur un léger chariot. Le câble est roulé sur une bobine à l'arrière du chariot, et on le déroule à mesure qu'on s'éloigne de l'usine, ou bien on établit des *connexions* (prises de courant) provisoires sur le trajet de la ligne montée sur poteaux et on réunit cette ligne par une dérivation se rendant au moteur, dont la mise en marche, le réglage et l'arrêt sont instantanés par le jeu d'une manette frottant sur les touches d'un rhéostat.

Si l'électricité était davantage connue, et les services qu'elle est susceptible de rendre mieux appréciés des agriculteurs, nul doute que ce procédé de transmission ne recevrait une grande extension, surtout maintenant que l'on possède et que l'industrie construit d'excellents moteurs à courants alternatifs de haute tension, démarrant sous charge et pouvant subir impunément toutes les variations de vitesse possibles sans s'arrêter brusquement. La dépense des câbles, si élevée avec les courants continus d'une certaine intensité, et qui limitait forcément la distance de transmission, ne constitue plus un obstacle infranchissable : elle est revenue dans des proportions normales, qui rendent parfaitement pratique l'usage de l'électricité en agriculture, ainsi qu'un calcul très simple permet de le démontrer.

Une machine à vapeur de 30 chevaux coûte 15 000 francs d'achat et consomme 40 kilogrammes de houille à l'heure, soit 120 tonnes en une année de trois cents jours de dix heures; de plus, elle exige un ouvrier payé 5 francs par jour, et des réparations. Il n'est donc pas exagéré d'évaluer à 5 000 francs la dépense annuelle nécessitée par cette machine. Une station hydro-électrique avec turbine accouplée à une dynamo génératrice de 50 chevaux, une ligne sur poteaux à isolateurs à huile, de 8 kilomètres de longueur, cinq moteurs récepteurs fixes ou locomobiles rendant 30 chevaux, coûtera, il est vrai, le double, soit 30 000 francs, mais l'entretien annuel ne coûtera que 2 000 francs environ, ce qui représente les deux tiers d'économie réalisés sur la machine à vapeur, et on a cinq moteurs à sa disposition au lieu d'un seul. La conclusion est facile à tirer.

Machines à vent. — Les moulins à vent ont été pendant de longs siècles exclusivement appliqués à la mouture du blé et des plantes oléagineuses; mais depuis que l'on a imaginé de les rendre automoteurs, c'est-à-dire se réglant automatiquement suivant la force et la direction du vent, on les a utilisés à bien d'autres emplois, notamment, en ce qui concerne l'agriculture, à l'élévation des eaux, aux irrigations et enfin à la mise en marche des divers appareils de ferme : tarares, concasseurs, etc.

Le moulin à vent classique, qui déploie ses grandes ailes sur nos coteaux, est d'une manœuvre pénible, car il faut l'orienter à force de bras quand le vent change de direction, étendre ou déplier ses toiles suivant que la vitesse de rotation tend à diminuer ou à s'accroître au delà d'une certaine proportion. C'est donc un engin primitif et grossier, et l'on conçoit que l'on ait cherché à supprimer la présence constante de l'homme et à établir automatiquement l'orientation et la voilure.

Les premières recherches, dans cet ordre d'idées, sont dues à des Français, Berton et Amédée Durand, et remontent à l'année 1836 ; mais ce sont les Américains qui, vers 1875, perfectionnèrent les moulins à ailettes mobiles inventés dans notre pays, où ils étaient demeurés à l'état de curiosités scientifiques, et en firent d'admirables instruments de travail agricole. Depuis lors, ces moulins, dits « américains », ont repassé l'Atlantique et sont employés un peu partout en Europe. D'importants ateliers de construction ont adopté chacun un type spécial, et parmi les modèles les plus connus et les plus appréciés nous citerons particulièrement l'*Éclipse*, du type Corcoran, et l'*Aermoteur*, de la maison Beaume, de Boulogne-sur-Seine, le moulin Halladay (*fig.* 210), construit par M. Schabaver de Castres, et l'*Euréka*, de Bonnet à Toulouse.

Tous ces moulins, au lieu d'ailes séparées, présentent au vent une surface circulaire, une véritable roue, composée d'une foule d'ailettes en bois ou en métal, disposées en biais comme les lames d'une jalousie. La régularisation de la vitesse de rotation de cette roue, vitesse qui doit toujours être aussi constante que possible, quelle que soit la puissance du courant d'air, peut s'effectuer de deux manières différentes : ou bien les ailettes sont mobiles sur la roue et elles peuvent se replier automatiquement par le jeu d'un régulateur à force centrifuge, de façon à diminuer ou à augmenter l'étendue de la surface exposée à la poussée du vent, ou bien alors la roue n'est pas placée symétriquement par rapport à son axe ; les actions du vent ne se trouvent pas équilibrées, et la roue tend à s'incliner du côté où la surface est plus grande. Par des vents ordinaires, un fort ressort, rendant solidaires la roue et la girouette, empêche cette inclinaison de se produire ; mais si la poussée dépasse une certaine limite, le ressort cède, la roue se couche sur le gouvernail et, ne présentant plus que sa tranche à l'action du vent, son mouvement est arrêté. Quand le vent faiblit et revient à sa vitesse normale, le ressort ou un contrepoids ramène la roue à sa position primitive. Quant à l'orientation, elle est obtenue par une large girouette placée à l'arrière et ramenant toujours la roue face au vent.

L'orientation peut se faire aussi au moyen d'une paire de gouvernails orthogonaux placés l'un dans le prolongement de l'axe de
la roue, et l'autre perpendiculairement à cet axe. Le premier de
ces gouvernails maintient la roue face au vent, et l'autre la défile
ou l'incline si le vent devient trop fort. L'action du premier gouvernail peut être aidée ou même remplacée par celle d'une petite
roue, perpendiculaire à celle du mou-
lin, tournant sous l'effet du vent jusqu'à ce qu'elle ait ramené, par une
transmission, le moulin face au vent.

L'usage le plus courant des moulins que nous venons de décrire est
la commande des pompes pour l'élévation de l'eau nécessaire aux besoins
de la vie agricole. Ils trouvent donc
leur place dans les fermes, les pâtu-
rages, les mines, les irrigations, les
gares de chemin de fer, mais ils peuvent être également appliqués à la
commande des appareils pour le dépiquage et le nettoyage des blés,
l'égrenage du maïs, le coupage des
racines, enfin toutes les opérations
réclamant le secours d'une force
motrice pour s'exécuter économiquement. M. Allaire, de Niort, emploie

Fig. 210. — Moulin américain Halladay.

un moulin à ailettes mobiles pour actionner une scierie mécanique
dont le mouvement est régularisé par un modérateur à boules de
Watt, et M. Lucet, de Conques, près Carcassonne, utilise un modèle
analogue, mais rendu locomobile, pour tractionner une charrue
défonceuse traçant un sillon de 50 à 60 centimètres de profondeur.
Le poids du mécanisme est de 7 000 kilogrammes; le moulin se
déplace sur une voie constituée par des fers à double T, de 14 centimètres de large et de 5 centimètres d'aile, posés à plat et faisant
fonction de rails. Le moulin est monté sur un bâti en charpente
reposant sur un chariot pourvu de quatre roues en fonte; il peut
donc se déplacer à volonté; le réglage de la vitesse s'obtient en
enlevant à la main un certain nombre de planchettes de sapin

constituant la surface des ailes; le mouvement est transmis, depuis l'arbre moteur jusqu'à l'arbre du treuil actionnant la charrue, par poulies et courroies; enfin la force développée est sensiblement constante par ce dispositif et atteint de 7 à 8 chevaux-vapeur.

Ainsi donc les moulins automoteurs, à roues en éventail, peuvent constituer de très précieux auxiliaires pour les agriculteurs, car on peut dire qu'ils sont pourvus de tous les perfectionnements rendant parfaitement utilisable, d'une façon pratique et courante, la puissance capricieuse du vent. Les modèles actuels sont édifiés de telle sorte qu'ils tournent sous la moindre brise et se replient ou se défilent lorsque la vitesse du courant d'air dépasse 10 à 12 mètres par seconde, de manière que, quelle que soit la vitesse de rotation, l'effort disponible à la transmission — bielle à mouvement alternatif ou arbre tournant — demeure sensiblement le même. On pourrait objecter que l'idéal serait de pouvoir emmagasiner la force vive recueillie par le moulin dans un réservoir quelconque pour l'utiliser à son gré et au moment du besoin, et de transformer ainsi l'énergie capricieuse et inconstante du vent en une puissance docile, facile à manier, et constamment disponible; mais cet idéal est encore coûteux à réaliser. Cependant, si ces moyens ne sont pas encore à la portée de tout le monde, on n'en peut pas moins présumer que, dans un avenir prochain, les vieux moulins qui, par leurs grandes ailes, animent et égayent nos coteaux, feront place à d'élégants éventails, perchés sur des pylônes métalliques, et qui mettront en mouvement de puissantes dynamos, lesquelles emmagasineront dans des batteries d'accumulateurs des réserves d'énergie où l'on pourra puiser à volonté, à son jour et à son heure, pour actionner telle ou telle machine agricole, pour éclairer non seulement la maison du maître, mais les chaumières des métayers, les granges, les écuries, les étables, etc. A l'électricité appartient l'avenir, cette force se prêtant admirablement à la transmission à toutes distances, et permettant d'utiliser avantageusement toutes les sources d'énergie de la nature, sources qu'il est facile de capter, canaliser et transformer pour toutes les nécessités de la vie civilisée.

Machines à vapeur. — Nous n'envisagerons ces moteurs qu'au point de vue spécial de leur application aux besoins de l'agriculture, et dirons tout de suite que les machines fixes ou demi-fixes, c'est-à-dire à chaudière séparée ou non du mécanisme moteur,

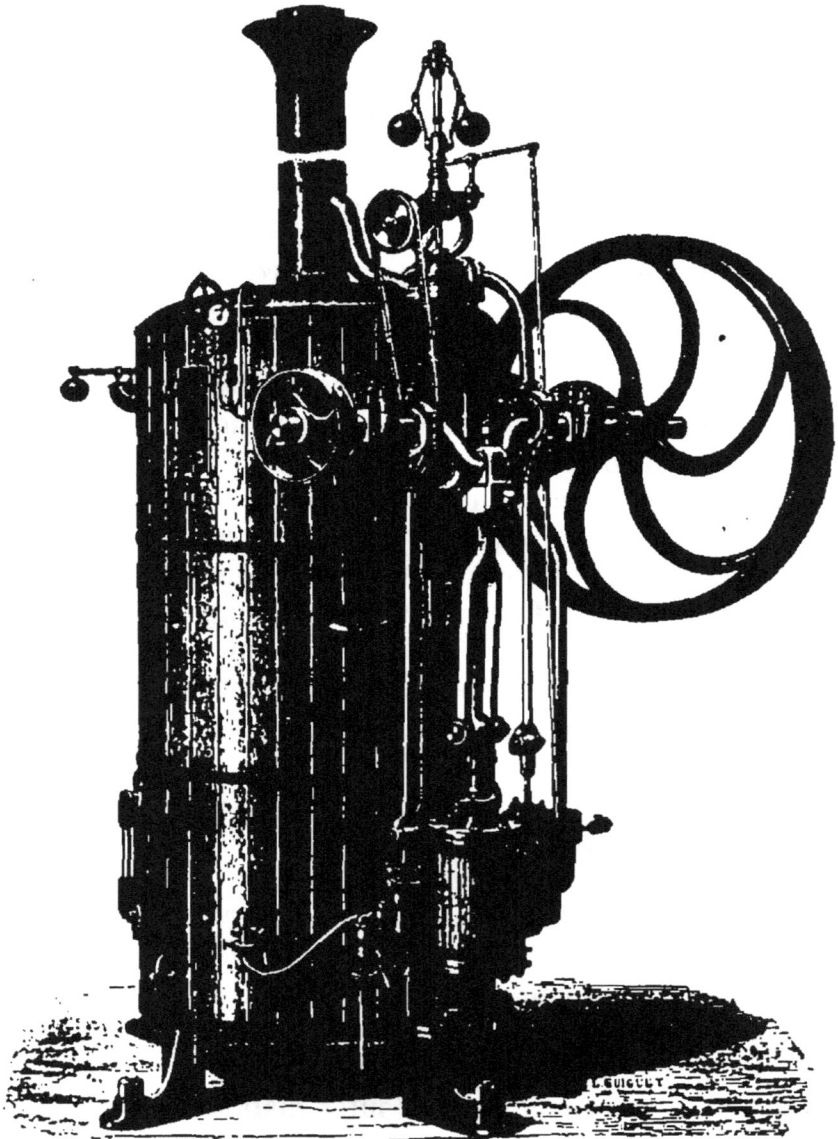

Fig. 211. — Machine à vapeur verticale.

mais en tout cas scellée dans une maçonnerie, sont peu employées dans les fermes. On leur préfère, avec raison, les locomobiles, machines montées sur quatre roues, avec avant-train mobile (*fig*. 212), et qui peuvent être transportées facilement dans tous les endroits où un travail doit être effectué. Elles peuvent d'ailleurs être rendues demi-fixes, en démontant les roues, que l'on remplace par des patins en fonte scellés sur deux supports en maçonnerie; ou bien le mécanisme — cylindre et volant — sont déposés sur un massif, et la chaudière posée à quelque distance. On constitue ainsi d'excellents moteurs de ferme, convenant très bien pour la commande du matériel fixe dans les installations à demeure.

Les modèles de locomobiles agricoles sont nombreux; parmi les plus répandus, citons celles *à flamme directe, à chaudière horizontale*, celles *à retour de flammes*, et celles *à tubes pendentifs Field, à chaudière verticale* (*fig.* 211). Les chaudières des premiers types sont en tôle et timbrés à 8 kilogrammes; leurs tubes sont en laiton jusqu'à 8 chevaux, et en acier au-dessus de cette puissance, avec une surface de chauffe très étendue. Le mécanisme moteur est fixé et repose sur une plaque de fondation en fonte, placée en plat sur le corps de la chaudière; un réchauffeur de l'eau d'alimentation passe sous cette plaque, cette eau venant d'un réservoir en tôle fixé sous la chaudière, enfin la transmission s'opère par une bielle articulée sur la tête de la tige du piston et qui attaque le vilebrequin de l'arbre moteur, lequel tourne entre deux coussinets placés à l'avant. Un modérateur de Watt, et l'interposition d'un ou deux lourds volants sur l'arbre, assurent la régularité de la vitesse.

Aux avantages que présente le type à flamme directe la locomobile à retour de flammes joint celui d'avoir son foyer *amovible*, c'est-à-dire que tout le faisceau tubulaire peut être sorti de la chaudière lorsqu'il a besoin d'être nettoyé; quelques agriculteurs préfèrent même ce système à l'autre, bien qu'il présente certains inconvénients, tels qu'une montée en pression plus lente et une plus grande complication d'organes. Mais la chaleur des gaz de la combustion est mieux utilisée, par suite de la plus grande longueur de chemin que ceux-ci ont à accomplir avant d'arriver à la cheminée; par suite, le système à retour de flammes est plus économique et consomme moins de combustible, à égalité de puissance motrice.

Les chaudières horizontales peuvent être divisées en trois parties, qui sont, depuis l'arrière : le foyer, fixe ou amovible, en cuivre rouge ou en tôle ; le faisceau tubulaire traversant la masse d'eau à vaporiser et parcourus par les gaz de la combustion ; et la boîte à fumée, où tous les tubes débouchent, et sur les parties supérieures de laquelle vient s'emmancher la cheminée en tôle, formée de deux morceaux articulés, à charnières, pour permettre de rabattre la partie supérieure pendant les transports. Cette cheminée est surmontée d'un chapeau en toile métallique dit *pare-étincelles*, destiné à arrêter les flammèches et éviter tous risques d'incendie lorsque la machine travaille à côté des meules de foin ou de paille, comme cela arrive au moment des battages.

Quand on emploie du bois pour le chauffage des machines, il faut que le foyer de celles-ci soit d'assez grandes dimensions : le type dit *à foyer carré* convient particulièrement dans ce cas. De même lorsque le chauffage se fait avec de la paille, et le foyer doit être vaste et pourvu de chicanes alternées, disposées pour obliger la flamme à suivre un certain parcours en faisant tomber à la partie inférieure du dernier compartiment toutes les parcelles simplement carbonisées qui pourraient tapisser la plaque tubulaire et obstruer l'entrée des tubes. A la partie inférieure de ce dernier compartiment se trouve un registre articulé à bascule, que l'on manœuvre du dehors pour faire tomber dans le cendrier toutes ces parcelles de paille incomplètement brûlées. Il faut avoir soin de maintenir dans le cendrier une couche d'eau de quelques centimètres pour éteindre toutes ces parcelles enflammées et éviter en même temps un échauffement trop considérable des barreaux de la grille. La paille est conduite dans le foyer par un entraîneur automatique.

La surface de chauffe d'une chaudière doit être en rapport avec le genre de combustible qui s'y trouve brûlé, tout en demeurant aussi grande que possible, quel que soit ce combustible. Les dimensions généralement adoptées et la consommation correspondante, par cheval, sont les suivantes :

1 mq. 50 de surface de chauffe par cheval-vapeur effectif.
1 mq. 80   —   —
1 mq. 80 à 2 mq.   —   —
2 à 3 kilogrammes de houille par cheval-heure développé.
5 à 6 kilogrammes de bois   —
7 à 8 kilogrammes de paille   —

Rappelons que les appareils à vapeur sont régis par un décret daté du 30 avril 1880 dont tous les propriétaires de locomobiles doivent suivre les prescriptions. Aucune chaudière neuve ne peut être mise en service sans avoir, au préalable, subi l'épreuve réglementaire faite par l'ingénieur des mines à une pression hydraulique double de la pression normale de marche. Le chiffre de cette dernière est indiqué par un timbre apparent, fixé par trois rivets sur la tôle en avant de la chaudière, et sur lesquels l'ingénieur appose son poinçon une fois l'épreuve faite. Cette vérification est exigible de nouveau dans certains cas définis par le décret, tels que réparation notable, chômage prolongé, etc. De toute façon, il est ordonné d'adresser au préfet du département où l'on veut mettre en service une chaudière nouvelle une déclaration détaillée.

Les générateurs de vapeur doivent tous être munis des appareils réglementaires de sûreté, tels que deux niveaux d'eau, trois robinets de jauge, un manomètre gradué, une soupape de sûreté, un appareil de retenue, clapet fonctionnant automatiquement et placé au point d'intersection du tuyau d'alimentation, enfin d'un robinet de vapeur placé à l'origine du tuyau sur la chaudière même. Le réglage de la vitesse est obtenu, de même que dans les machines fixes, par un régulateur à force centrifuge commandant une valve placée dans le tuyau d'amenée de vapeur, le plus près possible du cylindre, et qui augmente ou, au contraire, étrangle l'orifice du tuyau suivant que la vitesse décroît ou s'accélère, rendant ainsi constante la vitesse de rotation quelles que soient les variations du travail.

Dans les locomobiles à chaudière verticale, telles que le *Monitor Engine*, d'Aultman, le cylindre, son tiroir de distribution et sa commande, au lieu d'être placés sur le ciel de la chaudière, sont fixés verticalement sur le côté, et la bielle attaque le vilebrequin, soit de haut en bas comme dans le dispositif *à pilon*, soit de bas en haut quand l'arbre, ses coussinets et son volant sont supportés par un bâti encadrant la chaudière. La vapeur d'échappement, avant de parvenir à la cheminée, traverse un bac où l'on emmagasine l'eau d'alimentation conduite par une pompe foulante à la chaudière, et réchauffe cette eau ; elle arrive ensuite à la cheminée, où elle produit, par suite de sa vitesse et de la pression qui lui reste, un certain vide qui active la combustion et attire jusqu'en haut les gaz chauds traversant le faisceau tubulaire.

Voici maintenant quelques renseignements généraux sur la conduite et l'entretien des machines à vapeur agricoles, tirés du livre de M. Sabathier, le *Manuel de l'Agriculteur* [1], renseignements qui pourront être utiles aux propriétaires de locomobiles qui veulent tenir en bon état leurs machines et éviter toutes chances d'accident. Il faut, en premier lieu, éviter de laisser accumuler

Fig. 212. — Locomobile à vapeur.

dans les chaudières les dépôts terreux de tartre; pour cela, il faut les nettoyer aussi souvent que la nature des eaux l'exige en vidant par le robinet de vidange, puis en injectant de l'eau par les autoclaves de lavage. Il faut éviter de faire cette opération quand la chaudière est encore trop chaude, à cause des contractions provenant du changement subit de température qui pourraient occasionner des fuites.

Pour les transports, la chaudière doit toujours être vidée. Il est bon de maintenir toujours de l'eau dans le cendrier pour éteindre les cendres. Le feu doit être maintenu clair, avec une épaisseur de charbon d'environ 8 à 10 centimètres sur la grille et sans lais-

1. Paris, Flammarion éditeur, in-18.

ser de vide pouvant donner passage à l'air froid; de temps en temps on fait tomber les cendres et le mâchefer.

La machine doit être placée de niveau dans tous les sens, et les poulies-volants bien en ligne avec les poulies des appareils à actionner. Tous les mouvements doivent être bien graissés, les presse-étoupes et les joints bien étanches. Le niveau de l'eau doit être maintenu à une hauteur convenable; pour cela, il est préférable de régler l'aspiration de la pompe alimentaire pour une alimentation continue. Lors d'un arrêt momentané, le chauffeur doit régler le feu et le tirage de façon à éviter une augmentation de pression; et si l'arrêt devait se prolonger, il serait prudent de retirer le combustible de dessus la grille pour éviter une trop grande production de vapeur.

Accidents. — Avec une machine bien conduite et bien entretenue, il ne doit pas arriver d'accidents; cependant il en arrive quelquefois et l'on ne peut pas toujours les attribuer à la négligence seule du conducteur. Nous allons donc indiquer les plus fréquents, avec les moyens de les prévenir ou d'y remédier.

Augmentation de la pression. — Cela provient généralement de l'état du feu, ou bien d'un abaissement du niveau de l'eau; dans ce cas, il faut diminuer le tirage, rendre la combustion moins active et, dès que cela est possible, alimenter.

Diminution de la pression. — Les causes sont le contraire du cas précédent; pour y remédier, il faut, par conséquent, employer les moyens contraires. Ce fait peut, en outre, être dû à des fuites, qu'il faut rechercher, afin de les étancher le mieux possible.

Difficulté dans la vaporisation. — Elle provient généralement de ce que la chaudière a besoin d'être nettoyée.

Augmentation ou ralentissement de la vitesse. — Cela peut provenir de ce que le travail produit n'est plus en harmonie avec les dimensions de la machine; mais quand elle travaille normalement on ne peut l'attribuer qu'à un dérangement du régulateur ou des organes chargés de régler la vitesse de rotation.

Démarrage. — Quand il survient une difficulté pour démarrer, cela peut provenir de ce que la manivelle n'a pas été mise dans la position voulue, ou d'un obstacle quelconque dans le mécanisme, ou bien encore de ce que l'effort à vaincre dépasse la puissance de la machine.

Coups de feu. — Ils résultent toujours d'un feu mal conduit ou d'une alimentation mal faite. Le métal devient rouge de feu et perd de sa résistance, pendant qu'une surpression se produit. Le moyen le plus radical serait de mettre le feu à bas, arrêter la machine et changer la partie détériorée; mais ce procédé, qui amènerait un chômage forcé, ne peut pas toujours être employé, et l'on doit se contenter de palliatifs plus ou moins convenables.

Modifications du niveau de l'eau. — Les robinets de niveau d'eau et de jauge peuvent s'obstruer par des dépôts; aussi faut-il les nettoyer souvent, de même que le tube de cristal, qui peut se salir intérieurement au point de cacher complétement le niveau. En cas de rupture du tube, on ferme immédiatement les robinets, et l'on procède à son remplacement par les bouchons disposés en conséquence.

Alimentation. — Des rentrées d'air ou des corps étrangers en suspension ou en dissolution dans l'eau peuvent entraver le fonctionnement de la pompe alimentaire; il faut, pour y remédier, visiter souvent les joints et les presse-étoupes et nettoyer les clapets. Le bon fonctionnement de la pompe se reconnaît au bruit des clapets, qui doivent toujours retomber à intervalles égaux sur leurs sièges.

Abaissement du niveau de l'eau. — Quand le niveau de l'eau est descendu à un point tel que le tube du niveau est vide et que le robinet de jauge inférieur ne donne plus que de la vapeur, il faut bien se garder d'alimenter, car c'est presque toujours à la suite d'une alimentation intempestive que les tôles crèvent sous l'effort d'une surproduction instantanée de vapeur, et qu'une explosion se produit. Le meilleur serait de jeter bas les feux et de laisser refroidir la machine en fermant toutes les portes; mais si l'on ne peut interrompre le fonctionnement et que l'on alimente, on est à la merci d'un accident.

Chocs. — Ils peuvent provenir soit d'une distribution défectueuse, soit de l'eau condensée et accumulée dans le cylindre, soit enfin du jeu existant entre divers organes. On fait disparaître ces chocs en supprimant les causes d'où ils proviennent, en purgeant le cylindre, resserrant les pièces qui ont trop de jeu, etc. Il est de toute nécessité de remédier, aussitôt qu'ils se produisent, à ces défauts qui constituent la principale cause de détérioration des moteurs.

Échauffements et grippements. — Ils proviennent le plus souvent d'un montage défectueux, d'une lubrification insuffisante, ou encore de la mauvaise qualité des huiles et graisses employées pour le graissage. Après avoir reconnu la cause, il faut y porter un remède immédiat pour éviter la rapide dégradation et l'usure des pièces flottantes.

Les eaux. — Les eaux impures produisent des dépôts ou des incrustations qu'il faut combattre sans cesse, car elles sont une source de dangers, d'inconvénients et de dépense exagérée de combustible. Il est donc utile de faire analyser les eaux d'alimentation, de façon à pouvoir leur mélanger un désincrustant en rapport avec la nature des substances dont on veut empêcher le dépôt sur les tôles. Mais ce procédé, bon pour les machines fixes, est inapplicable aux locomobiles agricoles, qui changent presque journellement d'emplacement, et par suite, d'eau d'alimentation. Aussi pour ces machines on ne peut que chercher à empêcher l'adhérence des dépôts et les extraire le plus souvent possible par des lavages et des nettoyages répétés.

En suivant ces indications sommaires, on obtiendra des machines à vapeur agricoles le maximum d'économie et de rendement, avec le moins de chances d'accident et d'explosion.

Moteurs à air chaud. — Ces machines (*fig.* 213), qui fonctionnent par la dilatation d'un jet d'air soufflé sur un foyer, n'ont reçu que peu d'applications à l'agriculture, bien que la force motrice soit produite à prix assez réduit. Mais elles présentent de graves inconvénients qui ont empêché leur diffusion, et bien que les modèles de Laubereau, Hock

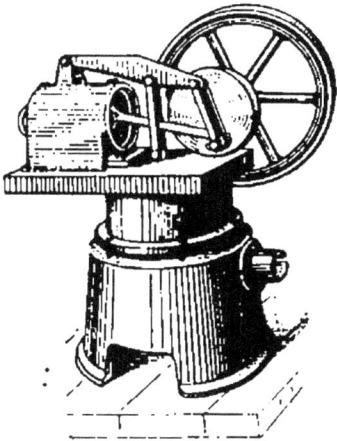

Fig. 213. — Moteur à air chaud.

et Bénier soient fort intéressants et construits avec soin, les moteurs à gaz et à pétrole, beaucoup plus pratiques, les ont rejetés dans l'oubli, et il n'en est plus fait usage maintenant.

Moteurs à gaz. — Le premier moteur à gaz a fait son apparition en 1860, et il a été inventé par M. Lenoir. Il a été notablement perfectionné depuis, notamment par Beau de Rochas et le docteur allemand Otto, dont le système est universellement connu. Le fonctionnement s'opère en quatre temps : dans le premier, le moteur agit comme une pompe ; pendant la première course en avant du piston, il aspire un mélange d'air atmosphérique et de gaz d'éclairage, celui-ci pris sur une conduite de ville ; dans le second temps, le piston, revenant en arrière, refoule et comprime le mélange détonant dans le fond du cylindre ; puis, la compression achevée, une étincelle électrique ou une flamme de gaz, découverte et transportée à l'intérieur, provoque la combinaison et l'explosion du mélange, et le piston est chassé en avant ; enfin, dans le quatrième temps (deuxième

Fig. 215. — Moteur à gaz Brouhot.

course arrière du piston) les gaz résidus de la combustion s'échappent à l'extérieur.

Presque tous les moteurs à gaz en usage dans l'industrie fonctionnent d'après ce principe, bien qu'on leur ait donné toutes les formes imaginables, dans le but de diminuer leur poids, leur volume ou leur consommation. Il est difficile d'innover quoi que ce soit maintenant dans la forme du cycle sur lequel est basé le moteur à explosion, tant sont nombreux et variés les types de moteurs existant actuellement. Citons, parmi les systèmes les plus connus dont le cylindre est disposé horizontalement, ceux de Charon, Niel, Crossley, Benz, Tenting, Crouan, Cuinat, Fielding, Martini, Lenoir, le « Marcel », Noël, Otto, le *Simplex* de Delamare-Debouteville, et parmi ceux agissant verticalement, soit de bas en haut ou à pilon, les types de Roger, de Forest, de la

Compagnie parisienne du gaz, de Ragot, de Daimler, etc., cette forme étant plutôt réservée aux unités de faible puissance.

Mais, autant le moteur à gaz est d'un usage avantageux dans les villes, autant il devient difficile dans les campagnes et dans les villages dépourvus de toute usine et de toute canalisation de gaz. Cependant certains industriels n'ont pas hésité à se monter des générateurs de gaz détonant pour le service de leurs moteurs, et, comme nous le verrons plus loin, on a obtenu d'excellents résultats économiques, notamment avec les *gaz pauvres*.

Moteurs à air carburé. — La machine à gaz est forcément fixe et dans la dépendance de la canalisation qui lui amène le fluide combustible; elle fonctionne à merveille dans toutes les agglomérations où il existe une usine à gaz, mais les agriculteurs et les industriels de la campagne ne sauraient l'utiliser. C'est pourquoi on a cherché à remplacer ce combustible gazeux par une autre substance, et on y est arrivé en carburant l'air aspiré, dans le premier temps du cycle, par son passage à travers une caisse ou un récipient contenant un hydrocarbure volatil tel que l'essence de pétrole connue sous le nom de *gazoline*. L'allumage du mélange détonant est obtenu soit par un tube de fer incandescent ou une étincelle électrique, et le fonctionnement se poursuit en quatre temps, ainsi que nous l'avons expliqué plus haut.

Les carburateurs varient quelque peu de forme; dans le système Lenoir, c'est un réservoir cylindrique en tôle, monté horizontalement sur deux tourillons au-dessus du moteur. Ce réservoir tourne lentement sur lui-même et l'essence qu'il renferme dans des augets se déverse constamment en pluie qui sature de vapeurs combustibles l'air aspiré. Dans le système Durand, le fonctionnement est automatique, le tube d'aspiration débouche au milieu d'un macaron de liège flottant à la surface du liquide et formant éponge. Citons encore les systèmes Lothammer, Meyer, Tenting, Chauveau, Delamare-Deboutteville et Daimler parmi les carburateurs qui ont fait leurs preuves et ont reçu de nombreuses applications.

Le moteur à essence est donc le moteur à gaz transportable, pouvant s'installer partout, et être mis en marche instantanément sans la sujétion d'être relié à une canalisation de gaz d'éclairage.

M. Lenoir a établi, pour les usages agricoles, une locomobile composée d'un chariot à deux roues, portant, sur une sorte de plateforme, le moteur avec ses lourds volants, indispensables à la régularisation de la vitesse, en raison de l'action intermittente de la poussée motrice. Le carburateur rotatif est placé au-dessus du cylindre, et un coffre contenant les accessoires sert de siège au cocher. Ce système est bien compris et peut rendre les plus grands services en pleine campagne; il se met en marche en un instant, mais il présente d'autre part d'assez sérieux inconvénients : il exige, de même que tous les moteurs à gaz d'une puissance supérieure à 1 cheval-vapeur, du reste, une circulation d'eau pour le refroidissement constant de la paroi extérieure du cylindre échauffé par les explosions, et le prix de l'unité de force est assez élevé : 32 à 35 centimes par cheval et par heure en comptant l'essence à 50 centimes le litre.

Moteurs à pétrole lampant. — On donne le nom de *moteurs à pétrole* aux moteurs à air carburé; mais ce nom n'est pas justifié, puisque c'est non du pétrole ordinaire, mais des essences légères, émettant des vapeurs inflammables à la température moyenne, et dont l'emploi est, par conséquent, dangereux. Les inventeurs se sont donc efforcés de construire des moteurs pouvant utiliser les pétroles du commerce d'une densité de 0,800, et, par conséquent, dénués de tout danger puisqu'ils n'émettent aucune vapeur explosible à la température ordinaire. Il faut reconnaître qu'aujourd'hui on est parvenu à résoudre ce difficile problème et à doter l'agriculture d'un moteur qui lui convient à tous égards, puisqu'il peut être installé partout sans fondations, fonctionner sans bruit et avec régularité, sans aucun danger d'incendie ou d'explosion, enfin sans exiger la présence d'un ouvrier spécial pour sa conduite et son entretien.

L'organe principal du moteur à pétrole, qui le différencie du moteur à gaz ou à essence, c'est le gazéificateur, sorte de lampe à pétrole dont le but est de chauffer et de vaporiser le pétrole arrivant goutte à goutte d'un réservoir. C'est donc sous forme de vapeur que ce liquide pénètre dans le cylindre moteur où il se mélange à une certaine quantité d'air atmosphérique dont la présence est indispensable pour assurer la combustion. Dans certains modèles, le pétrole est pulvérisé par une pompe qui le divise ainsi en gouttelettes très fines ; ce procédé est supérieur au précédent, qui présente l'inconvénient d'encrasser rapidement le vaporisateur et de déposer du noir de fumée et des goudrons dans la tuyauterie d'admission.

Fig. 215. — Moteur à pétrole vertical, de Merlin.

La création du moteur à pétrole lampant date de l'année 1872 et est due à l'Américain Brayton, qui perfectionna son appareil en 1890. Parmi les meilleurs dispositifs parus depuis cette époque, et qui ont fait leurs preuves, citons au premier rang la machine Priestman, qui se construit en type pilon pour la marine, jusqu'à 100 chevaux, puis les moteurs Capitaine et son dérivé, le système Grob, construit à Leipzig. Les moteurs Campbell, *Atlas* et Merlin, le *Gnome*, construit en France par M. Séguin, méritent également une mention spéciale, en raison des qualités qu'ils présentent et de leur faible consommation, qui est inférieure à un demi-litre de pétrole par cheval-heure.

Pour entrer en lutte plus directe encore avec la vapeur, les constructeurs n'ont pas hésité à monter leurs moteurs à pétrole sur chariots et à en faire des locomobiles portant la machine et tous ses accessoires, eau de réfrigération, pièces de rechange, etc. Les locomobiles à pétrole de Herlicq (système Eug. Capitaine), de Niel, de Merlin de Vierzon (*fig.* 215), de la Compagnie française de Matériel agricole, etc., sont bien connus, et l'on peut dire qu'elles constituent d'excellents appareils, très propres aux divers usages de l'agriculture.

Fig. 216. — Moteur locomobile à pétrole.

Moteurs à gaz pauvres. — Nous ne dirons qu'un mot de cette variété, qui n'a pas reçu d'applications aux besoins de la vie rurale et est plutôt destinée à remplacer la machine à vapeur dans l'industrie. En principe, le gaz brûlé sous le piston est produit au fur et à mesure par un générateur particulier, appelé *gazogène*, disposé à proximité. Les différents systèmes de gazogènes les plus répandus sont ceux de Dowson, de Buire-Lencauchez, de Bénier, de Taylor et de Wilson, dans lesquels un mélange d'air et de vapeur sont décomposés en gaz divers, de faible capacité calorifique, par leur passage à travers une masse de coke ou d'anthracite incandescente. Le grand avantage de ces appareils encombrants et compliqués réside dans le prix excessivement réduit auquel revient la puissance motrice récupérée. C'est pourquoi il est fait usage de plus en plus maintenant, et concurremment avec la vapeur, des moteurs alimentés aux gaz pauvres, d'une puissance allant jusqu'à 300 chevaux. Le moteur Simplex, étudié spécialement en vue de cette application par ses inventeurs, MM. Delamarre-Deboutteville et Malandin, a donné les meilleurs résultats, et il a reçu de très nombreuses applications.

Nous terminerons ce chapitre par un tableau résumant les diverses conditions de fonctionnement des machines motrices qui viennent d'être étudiées.

NATURE DU MOTEUR.	CONSTRUCTEUR OU SYSTÈME.	NATURE DE LA SUBST. MOTRICE.	CONSOMMATION HORAIRE.	PRIX DE REVIENT DU CHEV.-HEURE.
Cheval en manège.	Beaume.	»	»	0 fr. 10
Turbine.	Singrün.	Force hydraul.	"	"
Moulin à vent.	Éclipse Beaume.	Vent.	»	»
Vapeur (locomobile).	Albaret.	Houille.	2 kilogr.	0 fr. 08
Vapeur (machine fixe).	Willans.	Houille.	900 grammes.	0 fr. 04
Gaz.	Charon.	Gaz riche.	530 litres.	0 fr. 11
Essence.	Tenting.	Gazoline.	460 grammes.	0 fr. 30
Pétrole.	Capitaine.	Pétrole lourd.	440 grammes.	0 fr. 20
Gaz pauvres.	Simplex.	Anthracite.	550 grammes.	0 fr. 03

IX. — LAITERIE. — DISTILLERIE AGRICOLE.

Le Lait.

Le lait et ses sous-produits, crème, beurre, petit-lait, constituent l'un des principaux produits de la vie agricole, car toutes les fermes ont des animaux qui donnent cet aliment. Chez les métayers et les petits cultivateurs ne possédant que quelques vaches, le lait est employé pour la consommation du ménage; dans les grands établissements ayant des centaines de bêtes à cornes, où la moisson journalière de lait est de plusieurs hectolitres, on utilise ce produit en le transformant en beurre ou en fromage, le petit-lait servant à l'engraissement des porcs et autres animaux ; mais cette transformation exige un outillage particulier.

La première opération à réaliser doit être la séparation de la crème du lait, c'est-à-dire l'*écrémage*, qui peut s'effectuer de différentes façons, soit en laissant monter naturellement la crème à la surface de larges jattes de terre remplies de lait, soit en provoquant cette montée par un refroidissement énergique, soit enfin en séparant la crème par un effort mécanique, comme dans les écrémeuses centrifuges. Chacune de ces méthodes exige une installation spéciale et des appareils particuliers, que nous examinerons rapidement dans ce chapitre.

La crème contient toute la partie grasse du lait, et s'élève, en raison de sa densité plus faible, à la partie supérieure du liquide ; elle acquiert, exposée à l'air, une grande consistance. Quand on l'agite dans un vase maintenu à une température de 20 à 25° centigrades, il se sépare des grumeaux qui constituent le beurre. Dans certains cas, on n'attend pas la séparation de la crème, et on soumet au battage le lait tel qu'il vient d'être trait ; ce procédé est mauvais et ne donne qu'un résultat médiocre.

Le lait contient environ 10 à 15 pour 100 de crème et 90 pour 100 de petit-lait. Lorsqu'on attend que cette crème soit montée à la surface, ce qui demande de vingt-quatre à quarante-huit heures, selon la température du lieu où sont déposées les jattes, on n'extrait que le quart de la quantité de crème contenue dans le lait, soit 3 à 3,5 pour 100, et la qualité se trouve souvent altérée par le retard subi dans certaines circonstances par la montée de la crème. Ce procédé est donc insuffisant et peu économique.

On opère quelquefois l'écrémage dans des récipients plats et peu profonds, et on soutire le petit-lait par la partie inférieure; mais cette méthode ajoute souvent à la méthode ordinaire des inconvénients qui l'ont empêchée de se répandre. L'emploi de la glace, par le procédé Schwartz, a permis aux pays du nord d'augmenter le rendement et d'améliorer leurs produits ; mais en France on ne peut pas compter sur la glace à toutes les époques de l'année, à moins d'avoir une glacière quelconque, machine Carré, etc., aussi ce système est-il peu employé.

Avec l'*écrémeuse Supra*, la glace est inutile, pourvu qu'on ait de l'eau très fraîche, cas auquel on descend l'appareil au milieu du récipient où circule cette eau fraîche. La montée de la crème s'opère

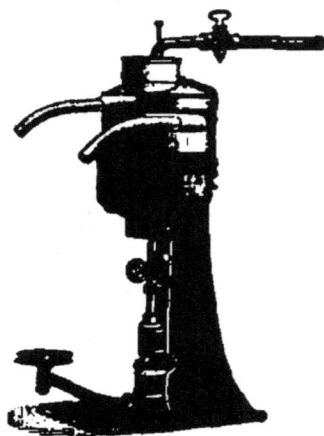

Fig. 217.— Écrémeuse centrifuge.

en douze heures environ. Toutes ces méthodes, qui peuvent convenir à des exploitations de moyenne importance, seraient insuffisantes pour les exploitations rurales comportant un nombre considérable de bêtes laitières; aussi a-t-on combiné pour la laiterie et la fromagerie un matériel particulier permettant d'éviter toute perte de crème, en agissant mécaniquement à l'aide d'appareils spéciaux mus à bras ou au moteur.

Les écrémeuses à force centrifuge opèrent un écrémage complet avec un rendement supérieur de plus de 10 pour 100 à celui de tous les autres procédés. Ainsi, par la méthode de la montée naturelle, il faut de 28 à 30 litres de lait pour donner 1 kilogramme de beurre, tandis qu'avec les écrémeuses centrifuges il ne faut que 20 litres environ. L'opération peut être faite aussitôt après la traite, comme aussi bien après un temps quelconque. La vitesse de rotation varie de 2 500 à 7 000 tours par minute, suivant les

systèmes; mais une telle allure nécessite une construction par-
faite des appareils, dont tous les organes doivent être bien équilibrés. La transmission est opérée par un arbre intermédiaire portant deux poulies de diamètres inégaux, la plus petite recevant la
courroie venant du moteur, et la plus grande commandant l'arbre
supportant le bol en acier recevant le lait. Le réglage peut se faire
en marche, de façon à modérer l'écrémage ou le pousser à volonté
jusqu'à un point déterminé, de façon à obtenir une crème plus ou
moins épaisse.

Les modèles d'écrémeuses les plus appréciés sont ceux de
Mélotte (*fig.* 218) et de l'ingénieur suédois Laval (*fig.* 217, 219);
ils permettent de traiter de 125 à 1 500 litres de lait à l'heure, suivant leurs dimensions. Il existe également de plus petits modèles
mus à bras, à l'aide d'une manivelle, et qu'une femme suffit à conduire. Les engrenages de multiplication de la vitesse sont enfermés dans une enveloppe métallique, et la manivelle est pourvue
d'un déclic, ce qui complète la sécurité de l'emploi de ces instruments et permet de les mettre entre les mains du premier venu.
Le réglage de la densité de la crème s'obtient aussi avec la plus
grande facilité, et un homme peut écrémer jusqu'à 250 ou
300 litres de lait à l'heure, en tournant au volant.

Le lait arrive d'un réservoir supérieur par un tuyau muni d'un
robinet, d'où il coule dans un appareil de régulation, modifiant le
débit en proportion avec le travail de l'écrémeuse. Ce régulateur
est formé d'un entonnoir portant deux branches munies d'aju-
tages à leur partie inférieure; dans ces deux branches sont placées des tiges verticales à aiguille que l'on enfonce à la main jusqu'au point voulu pour ne laisser libre que la section d'orifice
nécessaire au débit de l'appareil. Il se fait, plus simplement encore,
au moyen d'un flotteur disposé dans l'entonnoir; ce flotteur porte
une aiguille conique qui pénètre dans le bec du robinet, et règle
ainsi automatiquement la section de l'orifice. En sortant de l'écrémeuse, la crème, séparée du lait par la force centrifuge développée
par le mouvement rapide de rotation, est refroidie par son passage
dans un récipient plongeant dans de l'eau fraîche; elle est emma-
gasinée ensuite dans une cave bien aérée, dans des vases bien
propres, où on les laisse séjourner jusqu'au moment du *barattage.*

Pour fabriquer le beurre, on verse la crème à une température

218.— Ecrémeuse Mélotte.

219.— Ecrémeuse Laval.

220. — Baratte-tonneau.

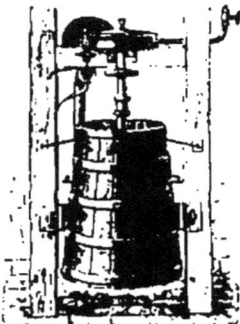

221.—Baratte danoise.

222. — Baratte à barillet,
marchant au moteur.

223.—Malaxeur à beurre

226.—Flacon
hermétique.

225.
Chauffe-lait multitubulaire.

224. — Autoclave à vapeur.

Fig. 218 à 226. — APPAREILS DE LAITERIE.

de 15 à 18°, dans l'appareil appelé *baratte*. La baratte la plus commune est un baril allongé en forme de cône tronqué, fermé par un couvercle percé d'un trou à travers lequel on passe un bâton renflé à sa partie inférieure et qu'on agite dans le sens vertical pour séparer les grumeaux de beurre de la crème et les agglomérer. Ce dispositif est fort défectueux, sa manœuvre est lente et pénible, et ne donne que des résultats imparfaits, une partie de la crème s'attachant au couvercle et aux parois ; il y a donc perte dans la quantité et la qualité du beurre produit.

On a amélioré ce genre de baratte en remplaçant le bâton agitateur par un piston perforé de place en place et laissant un espace entre ses bords et les parois du récipient, mais il est encore inférieur à tous points de vue aux barattes horizontales tournantes. Cependant on fait usage, dans certaines laiteries, de barattes de ce système, mais au piston se mouvant de haut en bas on a substitué un barillet garni de palettes échancrées sur leur bord et animées d'un mouvement de rotation obtenu soit à l'aide d'une manivelle, soit par une transmission, à l'aide d'engrenages d'angle, poulie et courroie. Le beurre est obtenu plus rapidement, et l'on peut traiter de plus grandes quantités à la fois. Certains modèles sont à bascule ; la cuve de la baratte est suspendue, en son milieu, par deux tourillons reposant sur un bâti, ce qui permet de la renverser horizontalement pour sortir le beurre, ou pour laver la cuve une fois l'opération terminée. Dans la *baratte à bain-marie*, cette cuve est placée dans l'intérieur d'une caisse servant de bain-marie qui donne la possibilité de maintenir une température constante dans l'appareil pendant toute la durée de l'opération. La baratte Lavoisy ne diffère de celle-ci que par l'addition d'un engrenage permettant de communiquer une vitesse plus grande au batteur à palettes.

La *baratte normande* est un baril monté sur tourillons, et tournant sur son axe ; ce baril est supporté entre deux tréteaux ou dans le milieu d'un bâti en bois, et il contient intérieurement des batteurs en bois sur lesquels la crème vient frapper. Le beurre est très rapidement obtenu, et comme la crème n'est en contact qu'avec le bois, elle ne peut se gâter. Ce modèle de baratte est le plus répandu ; il se meut à bras avec une manivelle, et le nettoyage en est facile. Dans un système du même genre, le tonneau est fixe, et monté à demeure sur un bâti en bois formé de deux croix de

Saint-André reliées par des engrenages. Il contient un axe en fer traversant le baril dans toute sa largeur, et pourvu intérieurement de palettes en bois de forme particulière; en tournant une manivelle dont cet arbre est muni, la crème est battue avec force et le beurre obtenu en peu de temps.

Le système connu sous le nom de *baratte danoise* (*fig.* 221) donne l'avantage de faciliter le contrôle de l'opération, qui peut se faire à tout moment; l'enlèvement du beurre et du petit-lait est effectué en quelques instants, et le nettoyage est très simple. Le batteur, qui n'est maintenu que par un manchon pouvant coulisser sur l'arbre, peut être enlevé et sorti de la cuve.

Le barattage une fois terminé, on débouche et on incline la baratte, on enlève le beurre au moyen d'un tamis spécial, et on le dispose dans une auge pour le faire égoutter; puis, à l'aide de spatules en bois, on forme des boulettes que l'on presse à plusieurs reprises, afin d'en extraire le plus possible de petit-lait. Mais ce travail des boulettes est long, et ne délaite qu'imparfaitement le beurre; aussi l'emploi de la *délaiteuse centrifuge* tend-il à se répandre de plus en plus. Pour se servir de cet appareil, on recueille le beurre à sa sortie de la baratte, et on le verse dans un sac en toile, dont le tour supérieur est attaché à un cercle métallique; la plus grande partie du petit-lait s'écoule dans ce filtre, que l'on place dans la délaiteuse, laquelle est ensuite mise en route à une vitesse moyenne de 700 à 800 tours par minute. Tout le petit-lait s'échappe par l'effet de la force centrifuge développée, et le beurre pur reste attaché contre les parois du sac, d'où on le détache avec une spatule. Au cas où, la température étant trop élevée, le beurre serait trop mou pour être délaité de cette façon, il faudrait le laver au préalable à l'eau fraîche pour le raffermir avant de l'introduire dans la délaiteuse. Cette machine se construit pour marcher à bras ou au moteur; elle peut travailler plus de 100 kilogrammes de beurre par heure, avec une dépense de force motrice d'environ 1 cheval-vapeur.

Au sortir de la délaiteuse, le beurre doit être malaxé afin d'acquérir plus d'homogénéité et faire disparaître les pores et l'eau qu'ils contiennent; mais, pour cette opération, le beurre doit être ferme, ce qui est obtenu en le laissant séjourner le temps voulu dans une pièce fraîche et aérée. Ce malaxage s'opère, dans les petites laiteries, avec de simples rouleaux en bois cannelé que l'on fait rouler sur une table. Dans les installations plus importantes, on se sert de malaxeurs rotatifs (*fig.* 223, 227), mus soit à la manivelle, soit au moteur, suivant la quantité de beurre à traiter. Ces appareils permettent de traiter deux morceaux de beurre à la fois, un des deux étant malaxé, tandis que l'autre est relevé en cône par des spatules; ce cône, entraîné par le mouvement rotatif du plateau, est de *nouveau* présenté au malaxeur, la pointe la première, et ainsi de suite jusqu'à la fin de l'opération. Ce pétrissage échauffe le beurre et le ramollit assez vite, ce qui oblige à

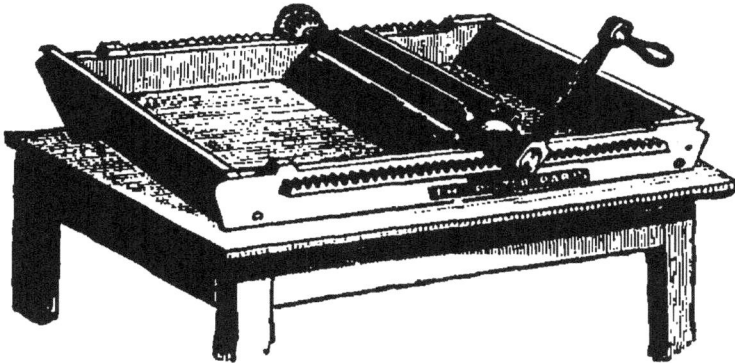

Fig. 227. — Malaxeur rotatif à beurre.

arrêter de temps à autre, et même à remettre ce beurre à la cave pendant l'été; on évite cet inconvénient en faisant couler sur le plateau, pendant la manipulation, un filet d'eau glacée qui est dirigé ensuite vers une rigole d'échappement, ou recueilli dans un baquet. L'appareil à malaxer sert aussi pour incorporer le sel au beurre destiné à le conserver, et à opérer le mélange des diverses qualités. On en construit de toutes dimensions, pouvant travailler à la fois depuis 4 jusqu'à 40 kilogrammes de beurre. L'organe agissant, le cône, se démonte en un instant pour faciliter le nettoyage.

Après avoir traversé les diverses machines que nous venons d'étudier, et subi ces manipulations, le beurre peut être livré à la consommation ou au commerce, après que les mottes, divisées et pesées sur des balances automatiques, ont reçu la marque du fabricant imprimé à l'aide d'un moule en bois gravé.

Nous n'avons plus à citer, pour en terminer avec le matériel des laiteries agricoles, que les *bassines* à chauffer le lait, à feu nu ou à la vapeur, les *réfrigérants* et les *stérilisateurs* ou *pasteurisateurs*, simples et multitubulaires. Mais ces divers appareils sont plutôt destinés aux laiteries spéciales et aux fromageries ; les agriculteurs, même ceux ayant de nombreuses têtes de bétail, n'y ont que rarement recours, et, par conséquent, nous ne nous arrêterons pas davantage sur ce sujet qui ne nous intéresse qu'indirectement. Arrivons-en donc immédiatement aux machines servant à la préparation des boissons simples ou fermentées.

Boissons fermentées. — Huiles.

Matériel pour la fabrication du vin. — La fabrication de la boisson la plus appréciée en France, nous avons nommé le vin, comprend, après la vendange, trois opérations distinctes, qui sont le *foulage*, la *fermentation* et le *décuvage*. La vendange est exécutée autant que possible par un temps sec ; les grappes sont détachées des ceps avec des ciseaux ou un sécateur, et quelquefois égrappées et le grain détaché de la rafle, comme cela se pratique encore dans certains vignobles, bien que cette pratique soit peu recommandable. Transportés au cellier et mis au cuvier, les grains de raisin sont écrasés soit sous les pieds, soit à l'aide d'outils composés de deux cylindres recouverts d'un treillis de fils de fer, dans les mailles desquels les grappes s'engagent et les grains s'écrasent sans que la rafle ou les pépins se trouvent broyés. L'écartement des cylindres se règle à volonté, au moyen de deux vis de rappel, et suivant l'état de la vendange. En outre de ces cylindres, la machine comprend un cylindre perforé dans lequel tournent des croisillons qui séparent les grains de la grappe. Cet appareil peut fouler et égrapper 30 hectolitres de vendange à l'heure ; il permet d'encuver un tiers de moût en plus, puisque la grappe représente ce volume.

Lorsque la fermentation est achevée, on soutire le vin avec précaution, soit à l'aide d'un siphon, soit au moyen d'une pompe rotative en bronze tournée à bras, et le vin est mis dans des tonneaux que l'on ne remplit pas complètement, de façon à conserver la place nécessaire pour le vin provenant du pressurage du marc. Le marc est comprimé pour en extraire le vin qu'il contient encore, ainsi que les pellicules qui en retiennent encore une quantité assez notable, et cette opération s'effectue au moyen d'appareils spéciaux, connus sous le nom de *pressoirs*, et qui servent également à presser les pommes pour le cidre, les graines oléagineuses, etc. Il existe de nombreux dispositifs, et nous dirons quelques mots des plus usités.

Le *pressoir de Normandie* exige un emplacement considérable ; il se compose de deux pièces principales : le sommier supérieur et le sommier inférieur, mesurant 10 mètres de longueur sur 50 ou 60 centimètres d'équarrissage. Il tend à disparaître de plus en plus pour être remplacé, même dans son pays d'origine, par les pressoirs métalliques. Cependant, on fait encore usage, dans le Midi, d'une variété, le *pressoir à pierre* ou *à tesson*, établi d'après les mêmes principes. Un sommier supérieur ou *mouton*, dont le gros bout pèse de tout le poids que lui donne sa longueur démesurée et son équarrissage, sur le marc disposé en masse cubique ou pyramidale sur la *maie*, force le vin retenu par ce marc à s'écouler par une rigole appelée *béron*, dans le *barlong* en pierre ou en bois établi en contre-bas du pressoir, d'où ce liquide est ensuite enlevé avec des seaux ou par le jeu d'une pompe. Mais, comme cette première pressée est loin d'avoir enlevé tout le vin contenu dans le marc, le pressurier est obligé de *retailler* ce marc après avoir desserré l'appareil et recommencer sept ou huit fois l'opération pour épuiser le marc. Ce système exige huit hommes de manœuvre pour tourner la roue horizontale qui fait mouvoir la vis en bois au moyen de laquelle on fait monter ou descendre le mouton.

Le *pressoir à étiquet* est plus simple et moins coûteux, la charpente volumineuse du système précédent s'y trouvant supprimée. Le mouton est réduit à des proportions suffisantes pour supporter l'effort d'une vis verticale en bois, que quatre hommes peuvent manœuvrer, et qui donne une pression bien supérieure à celle du système à tesson. En deux ou trois *serres*, on obtient tout le vin contenu dans le marc.

Le *pressoir à coffre*, simple ou double, tient plus de place que celui à étiquet, mais deux ouvriers suffisent à sa manœuvre. La pression s'y opère au moyen d'engrenages commandés par une manivelle, et elle est très énergique. Il ne présente qu'un inconvénient, dû à la plus grande complication d'organes, ce qui le rend susceptible de dérangements plus fréquents, entraînant quelquefois des réparations à la suite.

Le *pressoir à percussion* de Révillon, perfectionné par Beugé, présente, malgré des dimensions restreintes, la puissance d'une presse hydraulique, et son prix est beaucoup inférieur à celui des systèmes précédents. La pression s'opère verticalement, deux ouvriers suffisent à la manœuvre, et en un seul serrage on extrait tout le liquide contenu dans le marc. Il ne donne pas des résultats inférieurs à la presse hydraulique, dont le prix est beaucoup plus élevé, mais qui peut exercer des pressions s'élevant jusqu'à 75 000 kilogrammes.

Les *pressoirs mécaniques* actuels sont formés d'un bâti en bois ou en fer, possédant une vis en fer verticale sur laquelle agit un dispositif particulier de leviers multiples pouvant augmenter dans une grande proportion la force musculaire de l'ouvrier actionnant l'appareil. Le mouvement est transmis par un levier sur lequel s'articulent deux bielles qui, par l'intermédiaire de clavettes, communiquent l'impulsion à une roue à trous fixée à l'écrou de pression.

Ce système, fort simple et robuste, donne la possibilité de produire une pression cinq mille fois plus considérable que l'effort de l'homme agissant sur le levier. On a pu construire ainsi des pressoirs avec lesquels, suivant les dimensions, on arrive à des pressions variant entre 30 000 et 50 000 kilogrammes, un ou deux hommes étant attelés au levier.

Ces pressoirs sont montés le plus souvent à l'intérieur d'une claie circulaire en bois, mais on en établit également sans claie à charge carrée. L'ensemble repose sur une maie portant le couloir par lequel s'écoule le jus exprimé du marc. Certains modèles possèdent des leviers différentiels permettant de produire aussi des pressions très élevées. Tel est le système de MM. Mabille, d'Amboise, les plus célèbres constructeurs français de pressoirs mécaniques.

Le pressoir Meschini est quelque peu différent. Ce système se compose d'un mouvement d'encliquetage semblable à celui dont sont pourvus les pressoirs que nous venons de décrire; mais pour

228. — Moulin à pommes.

229. — Egrappoir.

230. — Pressoir mécanique.

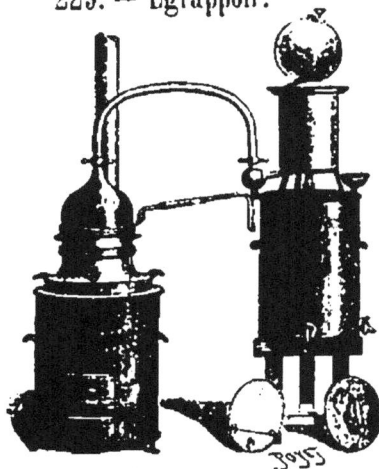

231. — Alambic
avec appareil à rectifier, d'Egrot

232. — Alambic domestique Deroy.

233. — Alambic Deroy
avec lentille de rectification.

Fig. 228 à 233. — BOISSONS (Vin, Cidre, Alcool). — DISTILLERIE.

234. — Alambic à bascule Deroy.

235. - Petit alambic domestique.

236. - Appareil de distillation locomobile.

237. — Alambic rectificateur
à bascule système Egrot.

238. — Grand alambic de Deroy.

Fig. 234 à 238. — DISTILLERIE (suite).

obtenir une pression encore plus forte, quand toute la puissance
que permet ce mouvement est déjà atteinte, on déplace les deux
clavettes en embrayant un mécanisme à roues différentielles, à
l'aide duquel on peut continuer la pression dans des proportions
aussi étendues qu'on le désire, car il suffit de faire varier le rapport entre le nombre de dents des deux couronnes pour amener

au point voulu la pression. Ceux de ces appareils qui se trouvent dans le commerce permettent d'arriver à des pressions environ 50 pour 100 plus élevées que dans les pressoirs ordinaires, et l'appareil peut être construit pour augmenter encore davantage cet excédent de pression.

Matériel pour la préparation du cidre. — La machine indispensable pour la préparation de cette excellente boisson est le *moulin broyeur de pommes*, ou *égrugeoir*, dont les modèles types sont ceux de MM. Simon frères, de Cherbourg. Dans ces moulins, des cylindres à noix, divisés et disposés de façon à permettre un écartement variable à volonté, sont alimentés par une trémie, rendue démontable pour faciliter l'entretien et le nettoyage. Une caisse placée en dessous du bâti reçoit les pommes écrasées. L'appareil est commandé, suivant son importance, à bras ou au moteur; il se construit de toutes dimensions pouvant donner un rendement de plus de 50 hectolitres à l'heure.

Les pommes écrasées sont mises tout de suite sous presse; ou bien, quand on veut obtenir un cidre très coloré, le marc est d'abord mis dans des cuves où il macère un ou deux jours, en le retournant souvent pour empêcher la fermentation; puis on le presse dans des pressoirs analogues à ceux déjà décrits pour le raisin. Pour la mise en presse, on forme des tuiles, c'est-à-dire des couches de marc enveloppé sur les quatre côtés de paille relevée; les tuiles ont environ 10 centimètres d'épaisseur, on en superpose jusqu'à une hauteur d'environ 1 mètre à 1^m,30. Le liquide se filtre à travers un panier d'osier. La pression est donnée en plusieurs fois, donnant chacune des jus que l'on traite séparément, ou mélangés suivant les qualités de cidre que l'on veut obtenir. Puis le marc est mélangé avec une certaine quantité d'eau, macéré et pressé pour obtenir les cidres faibles. Enfin on procède à la fermentation dans des fourneaux, en la facilitant quelquefois avec des copeaux de hêtre vert; et on soutire.

Le *poiré* se fait avec le jus de poires en opérant absolument comme pour le cidre.

Huiles. — L'extraction de l'huile comprend le nettoyage des graines, l'écrasage et le chauffage.

Le nettoyage s'opère dans des sasseurs, blutoirs, ventilateurs, etc., analogues à ceux précédemment décrits.

La graine est décortiquée, puis broyée entre des cylindres cannelés, tournant à l'aide d'engrenages et fonctionnant, suivant l'importance, à bras ou au moteur. L'écartement des cylindres est variable à volonté; l'appareil est muni d'une forte cale en caoutchouc, interposée entre la butée et le coussinet pour permettre aux cylindres de livrer passage aux corps étrangers qui pourraient s'y trouver mélangés. Sortant de cet appareil, la graine broyée est réduite en pâte en la triturant dans un moulin à meules verticales montées sur un même essieu, disposées pour qu'elles puissent monter ou descendre suivant les besoins. L'appareil est muni de ramasseurs et de râcloirs qui ramènent sous les meules la graine qui s'en écarte. Les meules sont très lourdes; elles écrasent par jour environ 2 500 à 3 000 kilogrammes de graine.

Sortant du moulin, la graine forme une pâte dont l'huile est la partie liquide. Pour obtenir l'huile vierge, on soumet directement cette pâte à une pression énergique dans une presse; pour cela la pâte est ensachée.

On se sert de presses hydrauliques pour les grandes exploitations; mais, pour celles de moindre importance, on fait usage de la presse à coins ou à vis, ayant un mouvement analogue à celui des pressoirs à raisin et munie de plateaux en fonte pour la séparation des tourteaux.

Mais l'épuration de l'huile ainsi obtenue étant plus difficile à cause des matières étrangères qu'elle peut contenir, on chauffe le plus souvent la pâte soit au bain-marie, soit à feu nu, soit encore à la vapeur, avant de la livrer à la presse. Dans ce chauffage, les matières étrangères se coagulent, et l'huile étant plus fluide s'écoule plus facilement.

Distillation. — Les liquides fermentés, tels que le vin et le cidre, des fruits et des produits sucrés, tels que le miel, peuvent être distillés pour extraire l'alcool qu'ils contiennent. Autrefois l'alambic brûleur était adopté par tous les bouilleurs de cru, mais on a inventé depuis des systèmes très perfectionnés qui ont rendu l'opération de la distillation très pratique et à la portée de tous les fermiers.

Les marcs de raisin se traitent ordinairement de deux manières différentes : dans l'une, le marc est pressé et souvent conservé en fosse, c'est-à-dire parfaitement sec ; dans l'autre, le marc non pressé est tel qu'on l'extrait de la cuve dont on a retiré le vin.

Lorsqu'on a à distiller des marcs secs, si le fond de la chaudière n'a pas de grille, il faut le garnir d'une légère couche de paille longue pour empêcher que la matière ne s'attache au fond. On y met ensuite le marc additionné d'eau dans la proportion d'un tiers. Quand le marc est très sec, quelques distillateurs le font, au préalable, macérer dans l'eau et distillent ensuite le tout dans la même proportion de deux tiers de liquide. On charge la chaudière, on adapte le chapiteau et on lute les cercles, puis on remplit d'eau froide le réfrigérant et enfin on allume le feu. Aussitôt que l'ébullition commence, la distillation s'opère ; il faut alors modérer le chauffage et alimenter avec soin de façon à ne pas interrompre le filet. Il faut aussi rafraîchir l'eau du réfrigérant, soit en ajoutant de l'eau froide avec un entonnoir, soit par une distribution continue venant d'une canalisation.

Au premier rang des constructeurs français qui se sont fait une spécialité des appareils à distiller tous les liquides et toutes les matières alcooliques, nous devons mettre M. Deroy, qui a combiné des appareils très rationnels et donnant les meilleurs résultats. L'un de ses modèles, d'une très grande simplicité, donne de l'eau-de-vie rectifiée en une seule opération, avec tous les produits fermentés, vins, cidres, poirés, piquettes, marcs de raisin, de pommes ou de poires, les lies et les moûts de toute nature ; il sert également à distiller les grains, les betteraves, les topinambours, etc. Le fonctionnement s'effectue comme suit :

On commence par charger la chaudière du liquide ou des matières à distiller, on remet en place le chapiteau qui s'emboîte librement dans le rebord supérieur de la chaudière, on relie le chapiteau au serpentin réfrigérant par un col-de-cygne, et on allume le feu, après avoir rempli d'eau fraîche le bac cylindrique où plonge le serpentin. Les vapeurs dégagées, se trouvant arrêtées par un diaphragme intérieur, sont obligées avant d'arriver au col-de-cygne, de lécher en couche très mince toute la surface du chapiteau, laquelle, par une disposition spéciale, est maintenue humectée extérieurement d'une manière uniforme au moyen de l'écoulement, par un robinet, d'une partie de l'eau tiède du trop-plein du réfrigérant. De cette façon, les vapeurs d'eau et les huiles empyreumatiques qui s'élèvent de la chaudière se trouvent condensées à leur passage sous le chapiteau, et il ne parvient au col-de-cygne que des vapeurs déjà épurées, qui se condensent dans le serpentin et sont recueillies liquides à leur sortie. La manœuvre du robinet suffit pour faire varier le degré de l'eau-de-vie au gré de l'opérateur, qui n'a pas besoin, par suite, de connaître à fond l'art de la distillation puisqu'il peut obtenir, sans *repasse*, c'est-à-dire du premier jet, avec des marcs de force moyenne, des eaux-de-vie pouvant varier de 48 à 65°, en employant des alambics d'une contenance de 25 à 100 litres et de 50 à 70° avec des modèles de capacité supérieure à 100 litres.

La *lentille de rectification*, qui permet de supprimer ainsi la repasse, constitue d'ailleurs un organe mobile qui peut s'adapter sur tous les alambics brûleurs pour obtenir par une seule opération avec des jus ou des matières faiblement alcooliques, des eaux-de-vie atteignant une concentration 70°, ou élever ce chiffre à 90° quand on fait de la rectification. Elle se monte directement sur le chapiteau et augmente ainsi la surface de condensation ; l'excès de vapeur d'eau entraîné jusque dans le chapiteau peut se déposer sur ses parois et se trouve séparé des vapeurs d'alcool qui vont se liquéfier dans le serpentin.

Un système d'alambic (*fig.* 239), inventé par M. Estève et construit par M. Besnard, convient aussi à merveille aux agriculteurs, qui peuvent avec cet appareil très simple extraire l'alcool d'une foule de produits et de résidus souvent inutilisés. Cet alambic, de petit volume, construit entièrement en cuivre rouge, résout, comme le précédent, le problème de pouvoir faire soi-même, du premier jet et sans apprentissage préalable, des eaux-de-vie de première qualité, d'un titre élevé, sans avoir besoin d'eau courante pour la réfrigération. Le chauffage se fait au moyen d'un fourneau à pétrole et le serpentin est refroidi par le liquide à distiller. La dépense de combustible est d'environ 0 fr. 85 par hectolitre de liquide distillé.

Ce liquide pénètre d'une façon continue dans l'appareil et l'eau-de-vie s'écoule sans arrêt, et au titre voulu, jusqu'à ce que l'opération soit achevée. Ce résultat est obtenu au moyen de chicanes en cuivre sur lesquelles tombe le liquide à traiter. Les vapeurs développées en premier lieu sont condensées en traversant le premier plateau, et il n'arrive au sommet du cylindre contenant les chicanes que des vapeurs d'alcool rectifiées, qui sont conduites ensuite par un tuyau au serpentin réfrigérant. La production est

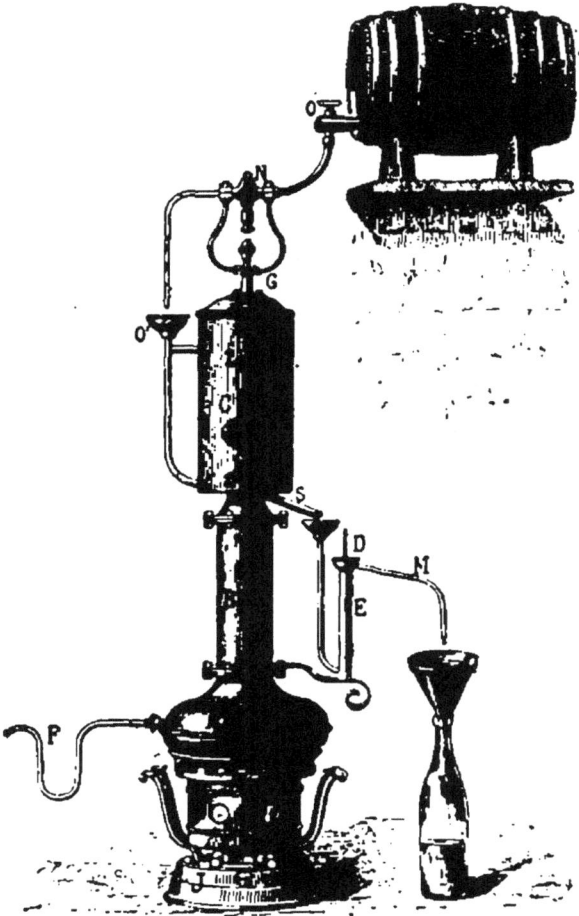

Légende :

A, Cucurbite.
B, Serpentin.
C, Chicanes.
D, E, Trop-plein.
F, Siphon d'échappement.
J, Fourneau à pétrole.
R, Réservoir de liquide à distiller.
O, Robinet.

Fig. 249. — Alambic Estève.

donc continue avec ce système et rend inutiles toutes manipulations, lutages, repasses, ainsi que la grande quantité d'eau exigée par les réfrigérants ordinaires (environ quatre barriques d'eau pour distiller 225 litres de vin, de cidre ou de jus quelconque).

Citons également, parmi les ingénieurs français qui se sont fait une spécialité du calcul et de la construction des appareils distillatoires, M. Egrot (associé actuellement avec M. Grangé), dont les figures 231, 235, 236, 237, 240 représentent les principaux modèles, lesquels ont reçu les plus hautes récompenses dans toutes les expositions du siècle.

MM. Egrot et Grangé ont établi toute une série d'alambics, depuis le petit modèle domestique destiné aux particuliers, bouilleurs de cru, etc., jusqu'aux plus grands appareils permettant aux agriculteurs d'extraire, en une seule opération, l'alcool contenu dans certaines plantes et d'opérer sur de très grandes quantités de matières à distiller.

Fig. 230. — Alambic locomobile avec lentille de rectification Egrot.

Nous arrêterons ici cette revue du matériel agricole et des opérations que les différentes machines permettent d'exécuter. Reconnaissons que notre étude est encore incomplète, car il n'y a presque pas d'industrie qui ne dépende, de près ou de loin, de l'agriculture. Cependant nous pensons en avoir assez dit pour que le lecteur ait pu se rendre compte de la valeur des principaux appareils, ainsi que de leur utilité. Notre but sera donc atteint si, dans ce tableau synthétique, nous avons montré clairement en quoi consiste l'outillage agricole moderne, et les avantages que les engins mécaniques présentent sur les anciens procédés.

INDEX

DES MOTS ET EXPRESSIONS TECHNIQUES ET DES FIGURES

CONTENUS DANS L'OUVRAGE

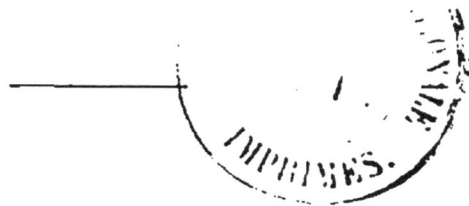

Paris. — Imp. LAROUSSE, rue Montparnasse, 17.

www.ingramcontent.com/pod-product-compliance
Lightning Source LLC
Chambersburg PA
CBHW060609210326
41519CB00014B/3609